Impressum

Herausgeber: ÖBB-ErlebnisBahn

Projektleitung: Karin Müllner

Idee & Konzept: Detlef Löffler

Autoren: Gerald Pohl, Detlef Löffler,
Alfred Jirout, Kurt Zellhofer

Artdirektion: Loeffler art design

Grafisches Konzept/Layout: Detlef Löffler

Fotocredit: Cover & Schutzumschlag: © Straßmann
© Privatarchiv Zellhofer, Karl Zellhofer
© Privatarchiv Jirout, Alfred Jirout
© loefflerpix.com, Löffler Detlef
weitere Bildnachweise beim Foto ausgewiesen

Bildbearbeitung: Peter Skibar

Druck: Wograndl Druck
Druckweg 1
A - 7210 Mattersburg

Vertrieb: ART QUARTERLY
Publishing House Verlag GmbH
Marc Aurel Straße 2
A-1010 Wien

ISBN: 978-3-9502841-2-6

Löffler • Pohl • Jirout • Zellhofer

Regionalbahn

Korneuburg – Ernstbrunn

Ein unvergessliches Eisenbahnerlebnis vor den Toren Wiens.

DR. ERWIN PRÖLL
Landeshauptmann
von Niederösterreich

Vorwort

Über den vorliegenden Bildband „Korneuburg – Ernstbrunn" freue ich mich sowohl als Landeshauptmann wie auch ganz persönlich, da mich mit diesem Landesteil, dem Weinviertel und seinen Menschen, vieles verbindet. Ein solcher Bildband, der sich eingehend mit der Historie des Weinviertels entlang der Niederösterreichischen Landesbahn auseinandersetzt, kann sicher sehr wirksam dazu beitragen, das Heimatbewusstsein und das Zusammengehörigkeitsgefühl der Weinviertler zu festigen, die es in mancher Hinsicht schwerer hatten als die Landsleute in anderen, wirtschaftlich begünstigteren Gebieten.

Gerade im Weinviertel, für das nach dem Fall des Eisernen Vorhanges wieder eine neue Ära begonnen hat, wird es besonders deutlich: Die Geschichte unseres Landes, seiner Gemeinden und Regionen, ist vor allem von Menschen geprägt, die nie die Flinte ins Korn geworfen haben, sondern nach jedem Rückschlag daran gegangen sind, die Heimat noch schöner, noch liebens- und lebenswerter zu gestalten. Eine Vergangenheit, aus der wir Mut, Kraft und Zuversicht für die Bewältigung der Herausforderungen von heute und morgen schöpfen können. Ich gratuliere daher ganz besonders zu dem vorliegenden Werk „Korneuburg – Ernstbrunn".

Einen tieferen Sinn gewinnt ein solches Buch aber erst, wenn es gelingt, einen Bogen von der Vergangenheit in die Gegenwart und in die Zukunft zu schlagen und einen bleibenden Beitrag zur Festigung des Selbstbewusstseins und des Selbstverständnisses zu leisten. Der Bildband „Korneuburg – Ernstbrunn“ mit Motiven aus der Heimat, nach einer Idee von Detlef Löffler, ist ein solcher Beitrag, der zeigt, dass man bei uns in Niederösterreich diesen tieferen Sinn richtig erkannt hat.

Das Buch über die Niederösterreichische Landesbahn sollte uns auch daran erinnern, dass mit der Strecke von Korneuburg nach Ernstbrunn, Mistelbach und Hohenau eine Meisterleistung österreichischer Ingenieurskunst verbunden ist. Die Bahn war damals in mehrfacher Hinsicht eine Pionierleistung: Zum einen wurde die Strecke bereits im Jahr 1904 eröffnet und bis 1906 nach Hohenau verlängert. Zum zweiten wurde die Strecke in die schöne Landschaft des Weinviertels angepasst. Hier wurde die Natur nicht „bezwungen“, sondern ein Bauwerk geschaffen, das voll und ganz zur Landschaft gehört.

Niederösterreich ist ein zukunftsorientiertes Land und selbstverständlich schauen wir auch bei einer solchen Publikation nicht nur zurück. Im Weinviertel sind in den letzten Jahren wichtige Vorhaben verwirklicht worden – ich denke u. a. an den Ausbau des Museumsdorfs Niedersulz, die Therme Laa, die Amethystwelt Maissau, Schloss Hof, die Fossilienwelt Weinviertel, die Spitäler und Landespensionistenheime oder die wichtige Nordautobahn.

All diese Projekte waren vor allem deshalb möglich, weil bei uns die Partnerschaft zwischen dem Land, den Gemeinden und den Bürgern traditionell gut funktioniert. Einen erfolgreichen Weg verfolgt das Land Niederösterreich aber nicht nur in der Tourismuswirtschaft oder beim Ausbau der Infrastruktur, sondern auch im Sozialen, in der Wirtschaft, in der Bildung und in der Forschung.

Hinter einem solchen Buch stecken ungeheuer viel Arbeit und Mühe – vom Durchforsten eines Berges von Urkunden und Chroniken bis zur letzten Korrektur. Mein Dank gilt daher ganz besonders den Autoren Detlef Löffler und Gerald Pohl, sowie dem „Verein Neue Landesbahn“ mit dessen Obmann Alfred Jirout und Karl Zellhofer. Es ist sicher ein Glückstreffer für die Region – und ganz besonders für die Leserinnen und Leser – dass sich hochkarätige „Profis“ dieser Aufgabe gestellt haben. Ein solches Buch ist ein wahrer Schatz. Aber ein Schatz gewinnt bekanntlich erst dann seinen Wert, wenn er „gehoben“, in diesem Fall gelesen wird. In diesem Sinn wünsche ich dem Werk „Korneuburg – Ernstbrunn“, dass es nicht nur den Weg in viele Bücherregale findet, sondern auch viele interessierte Leserinnen und Leser.

Ihr Erwin Pröll

Dieses imposante Doppelgespann von zwei Dampfloks wird immer wieder bei der ErlebnisBahn für einen „NostalgieExpress“ von Korneuburg nach Ernstbrunn eingesetzt.

ÖSEK
52 100
© loefflerpix.com

Inhaltsverzeichnis

Ernstbrunn

Naglern-Simonsfeld

Wetzleinsdorf

Karnabrunn

Weinsteig-Großrußbach

Würnitz-Hetzmannsdorf

Mollmannsdorf

Harmannsdorf-Rückersdorf

Stetten

Korneuburg

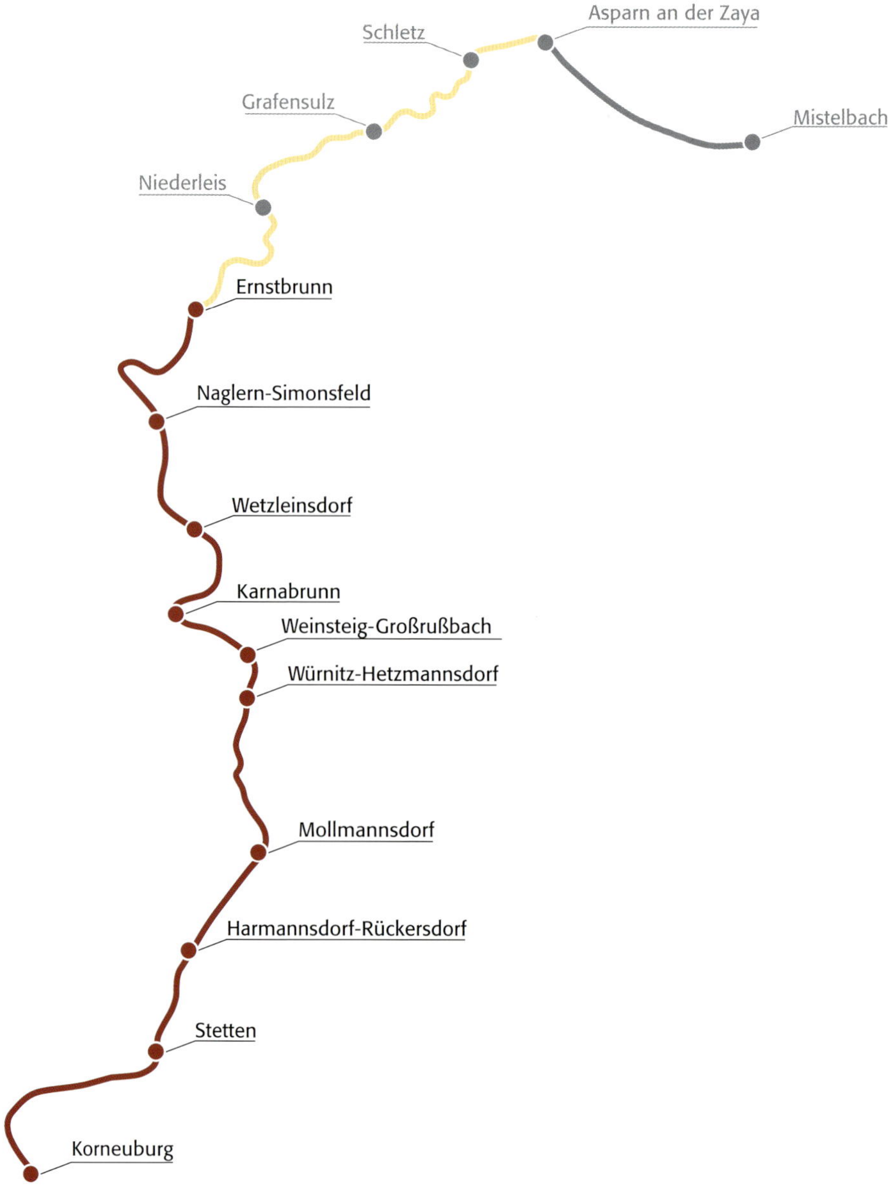

Korneuburg | Stetten | Harmannsdorf -Rückersdorf | Mollmannsdorf | Würnitz-Hetzmannsdorf

Die Streckenführung *der Bahnlinie* von Korneuburg nach Ernstbrunn

STRECKENFÜHRUNG. Im Weinviertel wurde Anfang des zwanzigsten Jahrhunderts ein dichtes Lokalbahnnetz angelegt, um viele Orte an das öffentliche Verkehrsnetz anzuschließen. Ausbleibende Modernisierungen und ein komplett unattraktiver Fahrplan führten 1988 zur Stilllegung vieler Lokalbahnstrecken. Einige wenige wurden modernisiert und konnten oft alle Fahrgasterwartungen übertreffen. Die betreffende Bahnlinie wurde im Abschnitt Korneuburg – Ernstbrunn am 26.11.1904, und im Abschnitt Ernstbrunn – Mistelbach – Hohenau am 15.11.1906 eröffnet. Die Strecke war nach den Erfordernissen einer Nebenbahn möglichst kostengünstig trassiert. Auf der Strecke finden sich beachtliche Steigungen und romantische Kurven. Deshalb war die Strecke immer wieder Schauplatz von Dreharbeiten zu Filmen. Ein unattraktiver Fahrplan und viel zu lange Fahrzeiten mit veralteten Triebfahrzeugen führte 1988 zur Einstellung des Personenverkehrs auf der Strecke. Seit Mai 1999 ist auch der Güterverkehr im Abschnitt Ernstbrunn – Mistelbach eingestellt. Im August 2002 wurde der Abschnitt Ernstbrunn – Mistelbach wegen schadhaften Oberbaues für nicht mehr befahrbar erklärt. Die letzten regulären Züge in diesem Abschnitt waren im Sommer 2002, zwei Züge für Filmdreharbeiten (*einer davon der Film mit dem Titel „Wolfszeit" von Michael Haneke*).
Die Strecken Korneuburg – Ernstbrunn und Mistelbach – Hohenau sind noch für den Güterverkehr in Betrieb. Seit Herbst 2007 fahren von Anfang Mai bis Ende Oktober Samstag, Sonn- und Feiertag Erlebniszüge nach Ernstbrunn. Diese besonders romantisch angelegte Bahnstrecke eignet sich bestens für einen Museums- bzw. Ausflugsverkehr. Die ursprüngliche Erhaltung lässt ein Gefühl der 50er, 60er, 70er, oder 80er Jahre – je nach eingesetztem Triebfahrzeug- aufkommen.

Weinsteig-Großrußbach — Karnabrunn — Wetzleinsdorf — Naglern-Simonsfeld — Ernstbrunn

© Privatarchiv Jirout

Geschichte

der Bahnlinie Korneuburg – Ernstbrunn

1841 wurde die Bahnlinie von Floridsdorf nach Stockerau eröffnet. Bald darauf gab es auch Pläne, das Weinviertel per Bahn zu erschließen. Gedacht war primär, dass die neue Bahnverbindung für den Transport von landwirtschaftlichen Erzeugnissen und sonstigem Güterverkehr benötigt werden könnte. Der Personenverkehr wurde damals nur zweitrangig in die Überlegungen mit einbezogen, weil Bahnfahren zu dieser Zeit noch sehr teuer war. Erst nach und nach wurde die Eisenbahn auch zu einem leistbaren Verkehrsmittel für die „normale" Bevölkerung. Eine Bahnlinie bedeutete damals den Anschluss an die überregionalen Verkehrswege. Bis dahin war das einzige Transportmittel ein von Ochsen oder Pferden gezogener Karren, der auf teilweise unbefestigten Straßen unterwegs war, dessen Transportkapazität beschränkt war und sehr langsam vorwärts kam. Korneuburg stand als Ausgangspunkt der neuen Bahnlinie, die ins 30 Kilometer entfernte Ernstbrunn führen sollte, fest. Nachdem der Niederösterreichische Landtag im Jahr 1896 eine Studie über den Bau dieser Bahnlinie hatte durchführen lassen, sollte nun die genaue Streckenführung festgelegt werden. Dabei entstand ein regelrechter Machtkampf zwischen den Korneuburger Nachbargemeinden Leobendorf und Stetten, die mit verschiedenen Argumenten versuchten, die Entscheidungsfindung zu ihren Gunsten zu beeinflussen.

Die Geschichte und Erschließung dieser Eisenbahnlinie war ebenso abwechslungsreich wie die großen überregionalen Verbindungen zu den Nachbarstaaten von Österreich.

Korneuburg — Stetten — Harmannsdorf-Rückersdorf — Mollmannsdorf — Würnitz-Hetzmannsdorf

© Privatarchiv Jirout

Weinsteig-
Großrußbach

Karnabrunn

Wetzleinsdorf

Naglern-
Simonsfeld

Ernstbrunn

© Privatarchiv Zellhofer (2)

Im nordwestlich von Korneuburg gelegenen Leobendorf wohnten damals knapp über tausend Einwohner. Mit der Burg Kreuzenstein hatte Leobendorf ein besonderes Ausflugsziel zu bieten, das den vermeintlichen Umweg von 1,5 Kilometer rechtfertigen sollte. Das weiter nördlich gelegene Stetten versuchte mit geringeren Baukosten zu punkten. Außerdem verwies man auf den im Ort befindlichen Steinbruch und die Milchgenossenschaft, die schon damals täglich 800 bis 1000 Liter Milch nach Wien lieferte. Man nahm sich dabei andere Bahnen zum Vorbild, die eigene Milchzüge führten, um die Milch in den Nachtstunden so rasch wie möglich in die Städte zu bringen, denn eine effiziente Kühlung während des Transports gab es ja noch nicht. Die angrenzende Gemeinde Tresdorf favorisierte wiederum die Strecke über Leobendorf aus einem ganz pragmatischen Grund: Man wollte die Kosten für die eigene Zufahrtsstraße möglichst gering halten. Um ihrem Begehren Nachdruck zu verleihen drohten die Tresdorfer sogar, die Fracht mit Karren direkt nach Korneuburg zu liefern, sollte der Bahnhof zu weit vom Ort entfernt sein. Der neuen Bahngesellschaft wäre dadurch eine lukrative Einnahmequelle verloren gegangen. Ernstbrunn und die weiteren Gemeinden entlang des geplanten Bahnverlaufs sprachen sich jedoch für die kürzere Strecke über Stetten aus. Der Hauptgrund dafür war die schnellere Verbindung nach Korneuburg und Wien, da sich der Umweg auch in den Frachtkosten bemerkbar gemacht hätte.

Die Strecke über Stetten kam schließlich zum Zug, primär aufgrund der kürzeren Steckenführung und sekundär, weil das Militär diese Strecke befürwortete, um ein naheliegendes Munitionsdepot endlich an die Bahn anbinden zu können. Außerdem wurde die Strecke so geplant, dass aus wirtschaftlichen und bautechnischen Gründen, so wenig Brücken und Einschnitte wie möglich errichtet werden mussten. Die geplante Bahntrassenführung im oberen Streckenteil gab ebenfalls Anlass für

Viele Besucher und interessierte Anrainer waren bei der Jubiläumsfahrt zur „75 Jahre Landesbahn"-Feier 1979 mit dabei.

Weinsteig-Großrußbach — Karnabrunn — Wetzleinsdorf — Naglern-Simonsfeld — Ernstbrunn

Die Herren Bahnvorstände von Wetzleinsdorf und Würnitz-Hetzmannsdorf anlässlich zur „75 Jahre Landesbahn"-Feier (1979).

© Privatarchiv Zellhofer (2)

heftige Diskussionen. So forderte die Gemeinde Obergänserndorf eine eigene Station, während die benachbarten Hetzmannsdorfer den Bahnhof näher bei ihrem Ort haben wollten. Schließlich wurde der Auftrag an die Münchner „Aktiengesellschaft für elektrotechnische Unternehmen" vergeben. Der Auftrag umfasste nicht nur die Errichtung, sondern auch die korrekte Abwicklung von Grundablösen und deren grundbücherliche Eintragung. Auch die Fahrbetriebsmittel hatten die Münchner zu liefern. Offener Protektionismus wurde von den Auftraggebern eingefordert: In erster Linie sollten niederösterreichische und in zweiter Line österreichische Fabrikate eingesetzt werden. Ausländische Fabrikate durften nur mit spezieller Genehmigung des niederösterreichischen Landesausschusses bzw. der K.u.K. Regierung verwendet werden. Auch bei der Aufnahme von Arbeitern waren heimische Arbeitskräfte zu bevorzugen. Rund ein Drittel der Baukosten wurde von den Gemeinden selbst getragen, daher sollten auch möglichst viele Orte entlang der Bahnstrecke davon profitieren. Die gesamte Bausumme betrug schließlich 2,316 Millionen Kronen (*das entspricht einem heutigen Wert von 12 Millionen Euro*). Bemerkenswert ist, dass die Bahnlinie in nur 15 Monaten errichtet wurde!

Militärische Hilfe

Zur Unterstützung bei der Errichtung der neuen Bahnverbindung wurde auch das zwanzig Jahre zuvor gegründete Eisenbahn- und Telegrafenregiment eingesetzt. Diese Einheit war in Korneuburg stationiert und hatte bereits zuvor reiche Erfahrung beim Bahnbau gesammelt. Für das Militär war dies eine gute Gelegenheit, die eigenen Fertigkeiten zu beweisen. Angenehmer Nebeneffekt: Durch die Unterstützung des Eisenbahn- und Telegrafenregimentes konnten die Baukosten beträchtlich gesenkt werden. Ein weiterer Vorteil war, dass die Militärs bereits über lokale Erfahrung verfügten.

52.6084 mit dem morgendlichen Güterzug im Bahnhof von Mollmannsdorf (1976).

Weinsteig-Großrußbach — Karnabrunn — Wetzleinsdorf — Naglern-Simonsfeld — Ernstbrunn

© Privatarchiv Zellhofer (2)

Schon 1885 wurde eine Trassierungsübung für normalspurige Bahnen von Korneuburg nach Ernstbrunn und darüber hinaus durchgeführt. 1904 kam das Regiment dann zum Verlegen des Oberbaus der Lokalbahn nach Ernstbrunn zum Einsatz. Es wurden rund 30 Kilometer Oberbau auf harten Schwellen einschließlich der Stationsanlagen verlegt. Die Arbeitszeit betrug lediglich drei Monate.

Streckenverlauf

Ausgangspunkt der Lokalbahn Korneuburg – Ernstbrunn war der für die neue Bahnlinie extra errichtete Lokalbahnhof. Der damals bereits bestehende Bahnhof der K.u.K. österreichischen Nordwestbahn durfte nicht mitbenutzt werden. Wenigstens gab es ein Verbindungsgleis, was damals gar nicht so üblich war und nur wegen der Kaserne in Korneuburg eingerichtet wurde, um zeitaufwendiges Rangieren der Militärzüge zu vermeiden. Nach rund 2,5 Streckenkilometern befand sich eine Ausfahrtsweiche, die zum K.u.K. Lokomotiv-Feldbahn-Depot führte. Dort war auch das Eisenbahn und Telegrafenregiment stationiert, das am Bau der Landesbahn in diesem Abschnitt maßgeblich beteiligt war. Heute befindet sich dort die Dabsch-Kaserne des österreichischen Bundesheeres.
Stetten hatte für die Errichtung des Bahnhofsgebäudes auf seinem Gemeindegrund 40.000 Kronen zur Verfügung gestellt (*entspricht rund 200.000 Euro*). Im Juni 1905 wurde die Haltestelle Seebarn neben dem Feldweg nach Harmannsdorf errichtet. Erbauer und Financier war Graf Johann Nepomuk Wilczek, auf dessen Grund auch der Bahnhof in Harmannsdorf-Rückersdorf gebaut wurde. Graf Wilczek war es auch, der Jahre zuvor die Burg Kreuzenstein im alten Stil aufbaute. Ab dem Bahnhof Mollmannsdorf steigt die Bahnlinie den Mollmannsdorfer Berg an. Auf dem 3,5 Kilometer langen Teilstück bis Würnitz-Hetzmannsdorf wurden 12 Gleisbögen eingebaut. Die Strecke bietet deshalb Steigungen fast wie auf der 50 Jahre zuvor errichteten berühmten Semmering-Bahn.

Korneuburg – Stetten – Harmannsdorf-Rückersdorf – Mollmannsdorf – Würnitz-Hetzmannsdorf

Gleisbauarbeiten an der Eisenbahnkreuzung Landesbahn – B3 in Korneuburg (6.4.1983).

© Privatarchiv Zellhofer (2)

Die Landesbahn wurde von manchen auch die „Gebirgsbahn des Weinviertels" genannt. Insgesamt weist die 30 Kilometer lange Strecke von Korneuburg bis Ernstbrunn 89 Bögen mit einer Länge von 16,3 Kilometern und Kurvenradien von mindestens 150 Metern auf. Weiter ging es über Weinsteig, Karnabrunn, Wetzleinsdorf, Naglern-Simonsfeld bis zum vorläufig Endbahnhof Ernstbrunn.

„... die ich somit für eröffnet erkläre!"

Am Morgen des 26. Novembers 1904 – ein ungemütlicher, kühler Samstag mit leichtem Schneefall – fuhr der geschmückte Eröffnungszug mit dem Wiener Bürgermeister Dr. Karl Lueger und weiteren Festgästen von Korneuburg nach Ernstbrunn. In allen Stationen begrüßten die Anrainer den Zug mit viel Jubel, sollte er doch der Beginn einer neuen Ära sein. Nicht alle goutierten die Teilnahme des bekannten Wiener Bürgermeisters bei dieser Eröffnungsfahrt, da er eigentlich politisch in keinerlei Zusammenhang mit den anliegenden Gemeinden stand. Es gab eben auch damals schon populistische Politiker. Doch die meisten ließen sich die Laune nicht verderben – schließlich war es ein großer Tag für die Ortschaften entlang der Strecke. Jahrelange, aufreibende Verhandlungen waren dem Bau der Landesbahn vorangegangen.

Das alles war damals, Ende November 1904, jedoch bereits Geschichte. Der Wirtschaft des gesamten Gebietes eröffneten sich nun gänzlich neue Möglichkeiten. Für den Betrieb wurden drei Lokomotiven von der Firma Kraus und Kompanie angeschafft. Als Waggons standen damals 7 Personenwagen mit 130 Sitzplätzen, 2 Postwaggons, 4 gedeckte Güterwagen, 19 offene Güterwagen, 1 Draisine und 5 Bahnwagen zur Verfügung: Die Eröffnung der Bahnstrecke hatte zur Folge, dass Ende des Jahres 1904 die Pferdepost nach Ernstbrunn eingestellt wurde. 1905 verkehrten täglich drei Personenzüge in beiden Richtungen.

Der „Blaue Blitz“ nach Mistelbach abfahrbereit in Korneuburg (1976).

Weinsteig-Großrußbach

Karnabrunn

Wetzleinsdorf

Naglern-Simonsfeld

Ernstbrunn

Hinterstellung von Autotransportwagen auf der Anschlussbahn Stetten – Umspannwerk Bisamberg August 2003.

© Privatarchiv Zellhofer (2)

Die Fahrzeit betrug 107 Minuten und kostete in der 2. Klasse 260 Heller und in der ersten Klasse 130 Heller. 260 Heller entsprachen damals ziemlich genau dem Tagesverdienst eines Bauarbeiters. Wie ursprünglich erhofft, entwickelte sich auch der Güterverkehr sehr positiv. So erhielt das Kalkwerk Ernstbrunn und das Ziegelwerk Weinsteig bereits 1906 eine Anschlussbahn. Heute noch ist das Kalkwerk Ernstbrunn ein wichtiger Güterverkehrskunde.
Gegründet wurde das erste Kalkwerk Österreichs im Jahre 1883 von Adolf Rochleder. Die Produktion begann mit einfachen Feldöfen und nur einigen Tonnen Ausstoss pro Tag. Der industrielle Ausbau und die Erweiterung des Werks folgten in den darauf folgenden Jahrzehnten. Insgesamt wurden drei Ringöfen gebaut und dank des Gleisanschlusses erschloss sich für das Werk ein größerer Markt. Mit einer Materialseilbahn wurden die Kalksteine vom Steinbruch zum Kalkwerk transportiert. In dieser Zeit war Handarbeit die Basis für die Kalkproduktion und Schwerstarbeit für die damals bis zu zweihundert Mitarbeiter.

1907 wurde das Lokomotivfeldbahndepot bei Korneuburg (*auf dem Gelände der heutigen Dabsch-Kasrene*) durch ein zweites Gleis an die Landesbahn angeschlossen. 1908 wurden bereits 123.253 Personen befördert, was täglich 338 Personen entspricht. Die Einnahmen aus dem Personenverkehr betrugen 78.576 Kronen, des Güterverkehrs 90.788 Kronen.
1911 fuhren bereits vier Züge täglich von Korneuburg nach Ernstbrunn. Schon damals nutzten viele Ausflügler die Zugsverbindungen, sodass am Sonntagabend gar ein fünfter Zug zurück geführt wurde. Die Bahn diente nicht nur dem Transport von Gütern sondern ermöglichte auch zahlreichen Wienern den Besuch der Leiser Berge, die bereits anno dazumal ein beliebtes Ausflugsziel waren. Am wichtigsten für die Entwicklung der Landsbahn war jedoch, dass die Bahn auch von der Bevölkerung der Region sehr gut angenommen wurde.

Eine Archivaufnahme als Mollmannsdorf noch eine Ladestelle war (1976).

Weinsteig-Großrußbach | Karnabrunn | Wetzleinsdorf | Naglern-Simonsfeld | Ernstbrunn

Die große „75 Jahre Landesbahn"-Feier im Jahre 1979 wurde mit eindrucksvollem Aufwand und historischem Gewand gefeiert.

© Privatarchiv Zellhofer (2)

Durch schwierige Zeiten ...

Im Jahr 1938 wurden die Landesbahnstrecken dem Eisenbahnnetz des deutschen Reiches eingegliedert. Nach Ende des Zweiten Weltkriegs konnte der Zugsverkehr auf der Landesbahn erst nach schwierigen Instandsetzungsarbeiten an den Gleisen und den teilweise zerstörten Gebäuden erst am 14. Mai 1946 wieder aufgenommen werden. Die Landesbahn hatte in gewisser Weise das Nachsehen gegenüber den ebenfalls zerstörten Hauptstrecken, die zum Wiederaufbau auch Schienen, Schwellen und Baumaterialien benötigten.

Im Laufe der folgenden Jahre bzw. Jahrzehnte erlebte die Lokalbahn im Weinviertel ein Auf und Ab. Die wirtschaftliche Bedeutung für den ganzen Einzugsbereich Korneuburg – Ernstbrunn war aber unbestritten. So wurde am 17. Juni 1979 unter großer Teilnahme der Bevölkerung das 75 Jahr-Jubiläum gefeiert. Ein Sonderzug mit einer Dampflokomotive und 10 Waggons fuhr nach Ernstbrunn, wo ein feierlicher Festakt stattfand. Die Strecken durch das Weinviertel waren die letzten Österreichs, auf denen noch Dampflokomotiven im Einsatz standen. Das lockte zwar eingefleischte Eisenbahnfans an, verärgerte aber die Fahrgäste.
Antiquierte Dieselloks, die ab 1976 zum Einsatz kamen, waren auch kein probates Mittel, um die Fahrgastzahlen wesentlich zu steigern. Weiters entsprachen die Fahrpläne kaum den Bedürfnissen der Pendler. An den Wochenenden wurde der Fahrplan noch weiter ausgedünnt. Dazu kam, dass die durchschnittliche Geschwindigkeit gerade mal 30 Stundenkilometer betrug, weil die Gleise stark sanierungsbedürftig waren. Aufgrund fehlender Investitionen in die Bahntrasse in den 1960er und 1970er Jahren konnte keine höhere Geschwindigkeit erreicht werden. Obwohl in den 1980er Jahren nochmals versucht wurde, die Fahrgeschwindigkeit ein wenig zu steigern, war das Ende des Personenverkehrs auf der Bahnverbindung von Korneuburg nach Ernstbrunn vorhersehbar.

VT 5044 am Schranken von Wetzleinsdorf (Anfang der 1980er).

Weinsteig-Großrußbach — Karnabrunn — Wetzleinsdorf — Naglern-Simonsfeld — Ernstbrunn

Weitere Gleisbauarbeiten nahe der Eisenbahnkreuzung Landesbahn – B3 in Korneuburg wurden zur Modernisierung dieser Bahnlinie nötig.

Ein unattraktiver Fahrplan und viel zu lange Fahrzeiten mit veralteten Waggons führten zur Einstellung des Personenverkehrs auf der Strecke. Die sogenannte Nebenbahnverordnung beendete den Bahnbetrieb sämtlicher Nebenbahnen um Mistelbach. Und so kam es wie es kommen musste: Am 28. Mai 1988 verkehrten die letzten Personenzüge. Auch das Streckennetz für den Güterverkehr wurde reduziert.

Anfang der 1990er Jahre sprachen sich rund 1500 Personen in Form einer Unterschriftenliste für die Einführung eines attraktiven Taktverkehrs zwischen Korneuburg und Ernstbrunn aus. Sämtliche an die Bahnlinie angrenzenden Gemeinden unterstützten dieses Begehren. Zwei konkurrierende, parallel geführte Buslinien waren mit ein Grund zum Scheitern des Vorhabens. Seit Mai 1999 ist auch der Güterverkehr im Abschnitt Ernstbrunn – Mistelbach eingestellt. Im August 2002 wurde der Abschnitt Ernstbrunn – Mistelbach wegen schadhaften Oberbaues für nicht mehr befahrbar erklärt. Heute verkehren regelmäßig Güterzüge auf der Strecke von Ernstbrunn nach Korneuburg. Durch den regen Güterverkehr zum Werk in Ernstbrunn wurden Langsamfahrstellen beseitigt. Das Kalkwerk Ernstbrunn überprüft zur Zeit die Möglichkeit, mehr Transporte mit der Bahn zu bewerkstelligen. Auch landwirtschaftliche Transporte, wie zum Beispiel Kartoffel, werden durchgeführt.
Im Juni 2004 wurde das hundertjährige Bestehen der Bahnlinie Korneuburg – Ernstbrunn unter großer Anteilnahme der Bevölkerung gefeiert. Ein Dampfsonderzug hielt in allen Stationen, ehe sich alle zu einer großen Festveranstaltung in Ernstbrunn trafen. Aufgrund des großen Interesses wird seit damals wieder über eine Neuaufnahme des Personenverkehrs zwischen den beiden Weinviertler Orten nachgedacht. Zur Wiederbelebung und Reaktivierung der Strecke im Pendler- und Ausflugsverkehr wurde bereits im September 2003 der „Verein Neue Landesbahn“ gegründet.

Langsam fährt ein Personenzug bei Wetzleinsdorf mit der 2067 und der 2060 durch die grünen Agrarfelder der regionalen Gemeinden.

Weinsteig-Großrußbach – Karnabrunn – Wetzleinsdorf – Naglern-Simonsfeld – **Ernstbrunn**

© Privatarchiv Zellhofer (2)

Aus dem Dornröschenschlaf erweckt

Schließlich wurde 2005/2006 eine Machbarkeitsstudie durchgeführt, die eine Möglichkeit einer touristischen Nutzung der Bahnstrecke zum Inhalt hatte. Die Studie kam zu dem Schluss, dass die Reaktivierung der Strecke sinnvoll sei. Im Frühjahr 2007 nahmen zunächst Fahrrad-Draisinen auf der weiterführenden Strecke von Ernstbrunn nach Asparn an der Zaya ihren Dienst auf. Durch diese Nutzung konnte ein weiterer Verfall und die Abtragung der Gleise auf dieser Strecke verhindert werden. Die 12,7 Kilometer lange Fahrrad-Draisinenbahn führt zunächst leicht bergauf bis Grafensulz und bietet interessante Ausblicke auf die Weinviertler Hügellandschaft ehe es in einer rasanten Talfahrt ins Zayatal am Bahnhof von Asparn an der Zaya endet.

Seit Herbst 2007 fahren an jedem Samstag, Sonn- und Feiertag von Anfang Mai bis Ende Oktober darüber hinaus zweimal täglich Erlebniszüge von Korneuburg nach Ernstbrunn. Entlang der Eisenbahnstrecke und ab Ernstbrunn mit dem Naturpark-Bus bietet sich die Möglichkeit, touristisch interessante Ausflugsziele zu besuchen. Dazu zählen der Wildpark Ernstbrunn mit dem weltgrößten Wolfsforschungszentrum, die Fossilienwelt Stetten, die historische Schule in Michelstetten und das Museum für Urgeschichte in Asparn an der Zaya. Diese bereits seit vier Saisonen erfolgreich durchgeführten Fahrten ließen den vielfachen Wunsch nach einer Ausweitung des Bahnverkehrs neuerlich laut werden. Die Landesbahnstrecke würde sich gut dafür eignen – neben dem bestehenden Güter- und Ausflugsverkehr – durch einen effizienten Personenverkehr die Straßen zu entlasten, und den Pendlern eine rasche und günstige Verbindung nach Korneuburg und Wien zu bieten. Das Ziel ist die Aufnahme eines planmäßigen Personenverkehrs mit modernen Triebwagen von Ernstbrunn nach Korneuburg und weiter nach Wien.

EWB-Zug mit Lok 372 (Reihe 17 c) in voller Fahrt auf dem Mollmannsdorfer Berg unterwegs (13.10.2006).

Dazu sollen Park and Ride Anlagen in Ernstbrunn, Wetzleinsdorf, Karnabrunn, Würnitz-Hetzmannsdorf, Mollmannsdorf, Harmannsdorf und Stetten errichtet werden um den direkten Umstieg vom Auto oder Rad in die Bahn zu ermöglichen. In 39 Minuten könnten moderne Diesel-Triebwagen von Ernstbrunn nach Korneuburg, oder gleich in 49 Minuten bis nach Wien Floridsdorf fahren!

(Quelle: Die geschichtliche Abhandlung basiert auf der Chronik „100 Jahre und immer noch aktuell – die Landesbahnen im Weinviertel!“ von Gerhard Ullram und DI Franz Ladner, 2. erweiterte Auflage, Nov. 2006, Verleger: Verein Neue Landesbahn)

Sommer, Sonne und eine Dampflokomotive die gerade als Sonderzug den Hetzmannsdorfer Bogen in Richtung Ernstbrunn durchfährt.

Korneuburg — Stetten — Harmannsdorf -Rückersdorf — Mollmannsdorf — Würnitz-Hetzmannsdorf

Vorstellung des modernen Diesel-Triebwagens „Desiro“ (Reihe 5022), der gerade in den Bahnhof von Ernstbrunn zu einer Veranstaltung der ÖBB-ErlebnisBahn einfährt.

Weinsteig-
Großrußbach

Karnabrunn

Wetzleinsdorf

Naglern-
Simonsfeld

Ernstbrunn

Bildteil

Korneuburg

Stetten

Harmannsdorf
-Rückersdorf

Mollmannsdorf

Würnitz-
Hetzmannsdorf

© Privatarchiv Zellhofer

Weinsteig-
Großrußbach

Karnabrunn

Wetzleinsdorf

Naglern-
Simonsfeld

Ernstbrunn

Historische
Impressionen

© Privatarchiv Zellhofer (6)

Impressionen von der Geschichte der Landesbahn und die eingesetzten Sonderzüge, Lokomotiven und Waggontypen auf dieser Bahnlinie.

Korneuburg – Stetten – Harmannsdorf -Rückersdorf – Mollmannsdorf – Würnitz-Hetzmannsdorf

Auf der Strecke, nahe Stetten, kommt der Sonderzug mit der 52.855 zum Stillstand. Der Grund: ein „Foto-Stopp“ in schöner landschaftlicher Umgebung, um den Sonderzug in Ruhe und mit einmaligem Hintergrund fotografieren zu können.

Weinsteig-Großrußbach — Karnabrunn — Wetzleinsdorf — Naglern-Simonsfeld — Ernstbrunn

Links:
Die Entgleisung eines 5145 in den 1970ern bei Stetten. Ein Einsatz-Team versucht den Triebwagen gleich vor Ort in Stand zu setzen.

Oben:
Sonderzug mit der 93.1422 vorgespannt beim Bahnhof in Ernstbrunn im Jahre 1983.

Rechts:
Der Bahnhof Würnitz-Hetzmannsdorf mit einem Sonderzug Anfang der 1990er. Zwei Jahre nach der Einstellung der Bahnlinie Korneuburg – Ernstbrunn wurde aufgrund einer Privatinitiative mit der 5047 und einem Buffetwagen die Möglichkeit für einen modernen Eisenbahnbetrieb aufgezeigt.

Korneuburg — Stetten — Harmannsdorf-Rückersdorf — Mollmannsdorf — Würnitz-Hetzmannsdorf

Weinsteig-
Großrußbach

Karnabrunn

Wetzleinsdorf

Naglern-
Simonsfeld

Ernstbrunn

Nostalgiebahn

Die Wiederbelebung der

Nostalgiebahn

von Korneuburg – Ernstbrunn

„Vorsicht Bahnsteig eins. Regionalexpress nach Ernstbrunn fährt ein!“, vertraut klingt die Tonbandansage an diesem Sonntagmorgen im Bahnhof Korneuburg, knapp nach neun Uhr. Da der Zug zu einer Nostalgiefahrt nach Ernstbrunn aufbricht, ist der bärtige Fahrdienstleister mit den langen, hinten zusammengebundenen Haaren gefordert. „Sonderzug nach Ernstbrunn fährt ein“, ergänzt er über den Lautsprecher. Familien, Radfahrer und Sonntagsausflügler mit Rucksäcken haben sich am Bahnsteig versammelt, um den von der orange-roten Diesellok 2143.35 angetriebenen Zug mit fünf grünen Waggons zu besteigen. Waggons mit harten Holzbänken oder mit gepolsterten Sitzgelegenheiten stehen zur Wahl. Dazwischen praktischerweise Verbindungsgänge, die mit einem Eisengestell abgesichert sind, sodass man problemlos während der Fahrt auch im Freien stehen oder von einem Waggon zum anderen wechseln kann.

Das Erleben einer historischen Zugfahrt ist ein Ereignis für Groß und Klein, besonders wenn es vor den Toren Wiens in die idyllische Region des Weinviertels geht.

Nach dem schrillen Pfiff des Zugsbegleiters in ÖBB-Uniform setzt sich der „NostalgieExpress Leiser Berge“ langsam brummend in Bewegung. Schon bald biegt der Zug auf die mittlerweile nur mehr für den Güterverkehr benutzten Gleise der Landesbahn mit ächzendem Kreischen der Räder ein. Schnell fühlt man sich in eine andere, beschaulichere Zeit zurückversetzt. Vorbei geht es an Einfamilienhäusern, die dicht am Bahndamm errichtet wurden. Links liegt die Bundesheer-Kaserne Korneuburg, für die der Bahnanschluss anno dazumal ein wichtiges Kriterium war.

Korneuburg — Stetten — Harmannsdorf -Rückersdorf — Mollmannsdorf — Würnitz-Hetzmannsdorf

© Privatarchiv Jirout

Weinsteig-Großrußbach — Karnabrunn — Wetzleinsdorf — Naglern-Simonsfeld — Ernstbrunn

Hier können die „Kleinen Fahrgäste“ unter professioneller Aufsicht sich als Zugbegleiter versuchen.

© loefflerpix.com (2)

Rechts der eingleisigen, nicht elektrifizierten Bahnstrecke wechseln einander endlos weite Felder voller Maispflanzen und Sonnenblumen ab. Dann wieder liegen ganze Abschnitte brach oder sind schon abgeerntet. Zahlreiche Feldhasen rennen davon, als der Zug behäbig in ihren Lebensraum eindringt; auch Rehe sind entlang der Bahnstrecke zu beobachten. Im Waggon sitzt man entspannt und vernimmt das rhythmische Rumpeln der Schienenstösse.

Bis Stetten läuft die Bahnstrecke schnurgerade, danach bis zum zweiten Halt in Mollmannsdorf nach 11,5 Kilometern Fahrstrecke und rund zwanzig Minuten Fahrzeit wird die Strecke etwas kurviger. Dort befindet sich schon lange kein offizieller Bahnhof mehr, trotzdem gibt es einen Unterstand in einer Holzhütte für wartende Bahnreisende. Doch dieser wird an diesem sonnigen Sommertag nicht benötigt.

Einige Fahrgäste steigen zu um nach Ernstbrunn zu gelangen. Schnell ein lauter Pfiff des aufmerksamen Zugbegleiters und schon setzt sich der Zug wieder gemächlich in Bewegung. Die Tatsache, dass hier überhaupt noch ein Personenzug verkehrt, zieht neugierige Blicke von Passanten an. Selbst die Autofahrer winken, wenn der „NostalgieExpress“ ihre Straße mit einem deutlich vernehmbaren Pfeifton der Lok auf unbeschrankten Bahnübergängen quert. Im Weinviertel tickt die Uhr offensichtlich noch ganz anders. Die Fahrstrecke nach Ernstbrunn wird zunehmend kurviger.

Wenn man auf der linken Seite aus dem Fenster blickt, sieht man in weiter Ferne die Burg Kreuzenstein ehe in Hetzmanndorf auf der rechten Seite ein feierlich geschmückter Reitplatz, auf dem soeben ein gut besuchtes Reitturnier stattfindet, vorüberzieht. Nach sieben weiteren Kilometern legt der Zug einen Stopp in Wetzleinsdorf ein. Der Grund ist vorerst nicht ersichtlich, da weder jemand aus- noch einsteigen möchte. Der Blick aus dem Fenster liefert die Erklärung: der Schranken auf der Strecke muss hier noch händisch betätigt werden.

Korneuburg – Stetten – Harmannsdorf-Rückersdorf – Mollmannsdorf – Würnitz-Hetzmannsdorf

Weinsteig-Großrußbach — Karnabrunn — Wetzleinsdorf — Naglern-Simonsfeld — Ernstbrunn

Regelmäßige Wartungen bei längeren Zwischenstopps in den Bahnhöfen sind für den sicheren Betrieb unumgänglich.

Der Zugbegleiter hat die Aufgabe an einen Buben delegiert, der dies mit großem Ehrgeiz gewissenhaft erledigt. Schließlich setzt sich die Diesellok gemächlich in Bewegung um nach rund 70 Meter neuerlich zu stoppen. Der Schranken wird hinaufgekurbelt und der Zugbegleiter und sein junger „Lehrling" steigen wieder ein. Von Wetzleinsdorf sind es noch knapp acht Kilometer bis Ernstbrunn, die recht zügig auf der kurvigen Strecke, die auch durch ein kurzes Stück Wald führt, zurückgelegt werden.

In Ernstbrunn ist knapp nach 10 Uhr die Endstation erreicht. Rund 50 Passagiere verlassen den Zug in freudiger Erwartung, was an diesem Sonntag noch kommen werde. Ein blassblauer ÖBB Bus mit schwarzer Nummerntafel, der sich aus den 1970er Jahren herübergerettet hat, bringt Wanderer zum „Naturpark Leiser Berge" und darüber hinaus. Radfahrer schnappen sich ihr mitgenommenes Gefährt aus dem Gepäckwagen um auf zwei Rädern die hügelige und vor allem verkehrsarme Landschaft des Weinviertels zu erkunden. Der Lokführer wendet seine Diesellok und geht dann gemeinsam mit dem Zugbegleiter ins Bahnhofsgasthaus, dass um diese Uhrzeit zum Sonntagsfrühschoppen schon gut besucht ist. In knapp zwei Stunden geht es wieder zurück nach Korneuburg, wo die nächsten Ausflügler warten, um in eine längst vergangene aber doch noch vielen vertraute Zeit mit dem „Nostalgie-Express Leiser Berge" zurückversetzt zu werden. Aber alles recht langsam, versteht sich!

Der Sonderzug – bespannt mit zwei Dampflokomotiven – verlässt mit den Besuchern des Oltimertreffens den Bahnhof von Ernstbrunn.

Nostalgiebahn

Nostalgiebahn

Oben:
Das zum Ernstbrunner Oldtimertreffen eingesetzte Doppelgespann, beeindruckte Jung und Alt.

Untere Reihe (v. li.):
1. Eine kleine Verschnaufpause für den Lokführer lädt zum interessanten Informationsaustausch ein.

2. Gäste die zum Wildpark Ernstbrunn fahren, können sich mit einem historischen Bus in alte Zeiten zurück versetzen.

Korneuburg — Stetten — Harmannsdorf-Rückersdorf — Mollmannsdorf — Würnitz-Hetzmannsdorf

Untere Reihe (v. li.):

1. Das „rollende Kinder-Paradies“ wird regelmäßig für Veranstaltungen herangezogen, bei denen sich auch die Kleinen vergnügen können.

2. Wartung und Überprüfung im Bahnhof von Ernstbrunn bevor es an die Rückreise nach Korneuburg geht.

3. Erst durch das ehrenamtliche Engagement der Mitglieder des „Vereins Neue Landesbahn“ in Kooperation mit der ÖBB-ErlebnisBahn können Projekte wie „Sonderzugfahrten“ mit eindrucksvollen historischen Zugmaschinen realisiert werden.

© Privatarchiv Jirout

Weinsteig-Großrußbach — Karnabrunn — Wetzleinsdorf — Naglern-Simonsfeld — Ernstbrunn

Korneuburg

© loefflerpix.com

CHRISTIAN GEPP
Bürgermeister der Stadtgemeinde Korneuburg

„Der neue Bahnhof

Herr Bürgermeister, wie wichtig ist die Eisenbahn für eine Stadt wie Korneuburg?

BGM. CHRISTIAN GEPP: Die Eisenbahn hat eine sehr wichtige Funktion für uns. Das wird auch von den ÖBB wahrgenommen, denn der Bahnhof Korneuburg soll ab 2012 neu gebaut werden. So positiv die Aufwertung der Bahnverbindung auch ist, darf man natürlich nicht vergessen, dass sie auch einige negative Begleiterscheinungen mit sich bringt. Ein umfassender Lärmschutz ist daher ein wichtiges Thema, weil der Güterverkehr ja auch während der Nachtstunden rollt.

Was halten Sie von der Initiative zur Revitalisierung der Landesbahn Ernstbrunn-Korneuburg?

Grundsätzlich stehe ich dem Projekt positiv gegenüber, ich bin aber kein Fachmann in diesen Belangen. Es hat ja bereits diesbezüglich mehrere Besprechungen gegeben. So ein Projekt muss natürlich im wirtschaftlichen Rahmen bleiben und es dürfen nicht die Kosten zu einem Großteil auf die Gemeinden abgewälzt werden. Eines steht aber fest: Wenn es sich nur um ein Prestigeprojekt handelt, werden wir finanziell nicht einspringen.

Welche Vorteile hätte Korneuburg von der „Neuen LandesBahn"?

Die größten Vorteile hätten wahrscheinlich die Umlandgemeinden. Für uns würde es möglicherweise weniger Verkehr in der Stadt bedeuten. Der Tourismus in der Region könnte auch davon profitieren.

Wie lebt es sich als quasi Vorstadt zu Wien? Kann man da überhaupt ein eigenes Profil entwickeln?

Ich glaube schon, dass Korneuburg ein eigenes Profil hat. Als Vorort von Wien haben wir eine hohe Lebensqualität. Durch diverse Betriebsansiedlungen schaffen wir auch neue Arbeitsplätze. Unsere Einwohner emotionalisieren sich sehr stark

wird für Aufschwung sorgen!“

mit der Stadt. Ich meine damit, dass zum Beispiel viele am regen Vereinsleben teilnehmen. Natürlich ist mir auch bewusst, dass ein Teil der 12.500 Einwohner nur zum Schlafen nach Korneuburg kommt.

Gibt es Bestrebungen Wiener Betriebe mit finanziellen Anreizen nach Korneuburg zu locken?

Durch den neuen Bahnhof werden wir sicher ein noch attraktiverer Wirtschaftsstandort werden. Natürlich bemühen wir uns um neue Betriebe, aber nicht um jeden Preis. Ich glaube, dass es in Zukunft auch weiterhin Betriebsansiedlungen geben wird.

Bieten Sie interessante Wohnalternativen für Wiener, die gerne „auf´s Land“ ziehen wollen?

Das sicherlich. Wir sind aber nicht nur für gebürtige Wiener interessant. So gibt es zahlreiche Neo-Korneuburger, die als Studenten oder für einen Job von den Bundesländern in die Großstadt zogen. Jetzt, nachdem sie etabliert sind und Familie haben, zieht es sie wieder hinaus. Es gibt zum Beispiel viele Kärntner und Waldviertler im Ort. Die kehren also zurück auf´s Land. Obwohl bei uns die Grundstückspreise mit rund 250 Euro pro Quadratmeter auch nicht mehr ganz billig sind.

Profitieren Sie vom Wiener Fremdenverkehr?

Der Fremdenverkehr ist für uns ein Hoffnungsmarkt. Es gibt jetzt schon einen Tagestourismus in Verbindung mit Wien. Grundsätzlich könnte dieser Bereich in Zukunft noch viel stärker werden.

Apropos Zukunft: Wo sehen Sie Korneuburg in 5, 10, 15 Jahren?

Viele sehen Korneuburg als lebenswerte Kleinstadt im Umfeld von Wien, das wird sie auch mittelfristig bleiben. Es wird neue Arbeitsplätze geben, aber nicht in Verbindung mit zu viel Industrie. Beim Bevölkerungswachstum muss man jedoch vorsichtig sein. Wachstum bedeutet immer, dass in die vorhandene Infrastruktur investiert werden muss. Das betrifft den Bau von Kindergärten und Schulen genauso wie den Lärmschutz. Es muss also immer eine vernünftige Mischung geben. Die Bevölkerung wird innerhalb der nächsten fünf bis zehn Jahren um ca. fünf bis zehn Prozent wachsen. Das hängt auch vom Bau von Genossenschaftswohnungen und der jeweiligen Fördersituation ab. Da gibt es einige Projekte in der Pipeline.

Wie sehr nützt den Bewohnern der neue Anschluss an die Nordautobahn?

Die Nordautobahn brachte für Korneuburg zahlreiche Vorteile. Als Wirtschaftsstandort ist die Erreichbarkeit ein wesentliches Argument. Wir etablieren uns damit immer mehr als Eingangstor zum Weinviertel. Ein Nachteil ist aber auch, dass allgemein mehr Verkehr zu verzeichnen sein wird. Man wird sehen, wie sich der Verkehr auf dieser neuen Autobahn entwickeln wird.

Wird es eines Tages eine Donaubrücke von Korneuburg nach Klosterneuburg geben?

Im Moment wird die Donaubrücke in Traismauer gebaut. Das hat auch Auswirkungen für uns Korneuburger, wenn wir in Richtung Westautobahn fahren wollen. Langfristig wird auch die Brücke von Korneuburg nach Klosterneuburg wieder ein Thema werden, über das wir uns unterhalten müssen.

Wird es zu einem weiteren Verschmelzen des Siedlungsraums geben? Gibt es eines Tages die „Großstadt“ Korneuburg/Stockerau?

Ich glaube nicht, dass es zu einer Verschmelzung der beiden 13 Kilometer auseinender liegenden Städte kommen wird. Wir kooperieren heute schon auf vielen Gebieten und in Zukunft werden wir sicher noch enger zusammenarbeiten.

Korneuburg

Korneuburg

EHEMALS NIVENBURG. Korneuburg, das klingt fast wie Klosterneuburg. In früheren Zeiten waren die beiden niederösterreichischen Städte nordwestlich von Wien auch vereint, obwohl sie immer schon durch die Donau getrennt waren. Ursprünglich aus einer Ufersiedlung entstanden, war Korneuburg jahrhundertelang mit Klosterneuburg, unter dem gemeinsamen Namen Nivenburg bekannt. Beide Ortsteile verband damals, als die Donau noch nicht reguliert war, eine Furt durch die Donauarme, über die man ans andere Ufer gelangen konnte. Das geht heute nicht mehr ganz so einfach. Es gibt nämlich keine direkt Straßenverbindung zwischen den beiden –Neuburgs. Seit Jahrzehnten wird zwar schon darüber diskutiert und spekuliert, wann es denn endlich so weit sein könnte. Bis es dazukommt muss der Autofahrer wohl den rund 20 Kilometer langen Umweg über die Wiener Nordbrücke nehmen oder sich der kleinen Fähre über die Donau bedienen. Gerade Mal für vier bis sechs motorisierte Fahrzeuge bietet die Fähre Platz, dazu noch ein paar Fahrräder und einige Fußgänger. Auf einem Stahlseil befestigt, überwindet das bereits in die Jahre gekommene Boot die Donau in nur wenigen Minuten. An Wochenenden während der Sommermonate verrichtet sie von früh bis spät unaufhörlich ihren Dienst.

Doch noch wollen wir Korneuburg nicht verlassen. Neben der Anreise mit dem eigenen PKW, dem auf der Donauuferautobahn die Abfahrten Korneuburg Ost und seit einigen Jahren auch Korneuburg West zur Verfügung stehen (*mit direkter Verbindung zur erst im vergangenen*

© Privatarchiv Jirout

Korneuburg — Stetten — Harmannsdorf -Rückersdorf — Mollmannsdorf — Würnitz-Hetzmannsdorf

Der Rattenfängerbrunnen wurde 1898 vor dem Rathaus aufgestellt. Mit der Statue des Rattenfängers, die der Bildhauer Emanuel Pendel ausführte, wurde eine alte Lokalsage um die Ereignisse von 1646, dem Ende der Schwedenbelagerung, im Gedächtnis bewahrt (s. re.). Der Brunnen selbst wurde in monumentaler Weise ganz aus Kaiserstein, dem weißen, harten Kaisersteinbrucher Stein, geschaffen.

Die Rattenfänger-Sage:

Korneugurg litt wie viele mittelalterliche Städte unter der Rattenplage. Die Ratten machten sich über die Lebensmittelvorräte der Bürger her und vernichteten die Kornvorräte. In einem Jahr war die Plage so schlimm, dass sogar eine hohe Summe ausgesetzt wurde, die demjenigen zuteil werden sollte, der die Stadt von den Ratten befreite. Es dauerte nicht lange, bis ein Fremder kam und sich erbötig machte, die Ratten zu vertreiben. Da er keine Fallen mit sich trug, waren die Bürger neugierig, wie er der Plage Herr werden würde. Indes nahm der Unbekannte eine kleine Flöte aus seiner Rocktasche und spielte darauf ein kaum hörbares Liedchen. Die Ratten schienen aber die Melodien des Fremden zu hören. Sie kamen aus allen Winkeln und Löchern und folgten dem Musikus dicht an den Fersen. Dieser schritt einmal um den Hauptplatz, so dass ihn wirklich alle Ratten hören konnten, und verließ die Stadt über das Schifftor hinab zur Donau. Dort stieg er, soweit es seine hohen Stiefel erlaubten, in das Wasser und alle Ratten folgten ihm blindlings, wobei sie in den kalten Donaufluten jämmerlich ertranken. Als das Schauspiel, das die Korneuburger aufmerksam verfolgt hatten, zu Ende war, verlangte der Rattenfänger den ausgesetzten Lohn. Doch die Stadtväter meinten, dass für bloßes Flötenspiel die Summe viel zu hoch sei. Sie hielten sich nicht an ihre Abmachung und gaben ihm nur ein Almosen. „Auch gut", sagte der Fremde, „ich werde wieder kommen." Die Stadtväter wussten die Worte des Spielmannes nicht zu deuten und vergaßen ihn auch bald. Im nächsten Frühjahr kam der Rattenfänger jedoch wieder. Er war prächtig gekleidet und trug eine große, im hellen Sonnenlicht glänzende Flöte mit sich. Es war gerade Markttag. Er setzte sich auf den Hauptplatz nieder und begann schöne Weisen zu spielen. Voll Entzücken lauschten ihm die Leute. Bald begann er eine Runde um den Platz zu machen und die Kinder folgten ihm in einer langen Schar. Mit jeder Runde wurde die Schar der Kinder größer, sie glich beinahe einem Rattenschwanz. So zog er dann durch das Schifftor zur Donau hinunter und bestieg eines der dortigen Boote, wohin ihm alle Kinder folgten. Ein Kind war zurückgelaufen, um sich sein Mäntelchen zu holen. Als es wieder kam, sah es den Spielmann mit all seinen Freunden bereits die Donau abwärts fahren. Traurig ging es in die Stadt zurück, um den Eltern sein Leid zu klagen, dass es zu spät gekommen war. Mit Entsetzen mussten nun all die anderen Eltern feststellen, dass ihre Kinder von dem fremden Mann entführt worden waren. In der Stadt herrschte unbeschreibliches Jammern und Wehklagen. Erst jetzt erinnerten sich die Stadtväter an die Worte des Rattenfängers vom Vorjahr, der angekündigt hatte, wieder zu kommen.

Jahr errichteten Nordautobahn), werden die meisten Besucher dieser sehenswerten Stadt wohl mit dem Zug anreisen. Besser gesagt mit der Schnellbahn S3 die von Wien auf direktem Weg nach Stockerau führt. Früher war dies die K.u.K. Nord-West-Bahn, die in Korneuburg einen Anschluss an die Lokalbahn hatte. Neben der Klosterneuburger Straße, gegenüber der Einmündung der Dammstraße, liegt das alte 1er-Stellwerk der ehemaligen Nordwestbahn. Seine Bedeutung war besonders ab dem Jahr 1927, als in Korneuburg die Ölraffinerie gegründet wurde, so groß, dass noch ein zweites Stellwerk behelfsmäßig errichtet werden musste.

Die vielen impossanten Dacherker von St. Ägid die das Gesamtbild der Kirche weithin sichtbar prägen.

Um die Jahrhundertwende zum 20. Jahrhundert, als das benachbarte Wien seine geistige und kulturelle Hochblüte erlebte, war Korneuburg auch als Garnisionsstadt bekannt. Heute noch befindet sich direkt an den Gleisen der Lokalbahn die Dabsch-Kaserne, die zurzeit die ABC-Abwehrschule des Bundesheeres beherbergt. Früher war dort das Telegraphen- und Eisenbahnbauregiment stationiert – die Adresse „Platz der Eisenbahnpioniere 1" weist noch darauf hin. An der Einmündung der Girakstraße in die Leobendorfer Straße, gegenüber der Dabschkaserne steht das Denkmal der Eisenbahnpioniere, die in Korneuburg ab dem Jahr 1883 die militärische Technik entwickelten, pflegten und verbesserten.
Zwischen Chimanigasse und Stockerauerstraße liegt das Areal der ehemaligen Albrechtskaserne. Die Backsteinbauten stammen aus 1892, das Kammeramtsgebäude, heute Volkshochschule/Volksheim aus 1938/40. Die Albrechtskaserne wurde von der Stadt Korneuburg errichtet und an die Armee vermietet. Sie wurde als Schule des militärischen Eisenbahn- und Telegrafenwesens genützt. Das Kammeramtsgebäude wurde von der deutschen Wehrmacht erbaut. Militärisch genutzt wurde die Anlage bis zum Abzug der sowjetischen Besatzungsmacht im Jahre 1955. Die Kaserne diente ab Dezember 1956 als Lager für ungarische Flüchtlinge und wurde in weiterer Folge als Durchgangslager für rumänische und jüdische Flüchtlinge verwendet. Heute sind im alten Backsteinbau hochwertige Wohnungen errichtet worden, mit eindrucksvollen Fenstern und hohen Räumen, die ein sehr städtisches Flair aufkommen lassen. Auch östlich des Hauptplatzes, der mit seinen Patrizierhäusern über städtisches Ambiente verfügt, stehen prunkvolle Villen aus der zweiten Hälfte des 19. Jahrhunderts, als das Erscheinungsbild der Stadt grundlegend verändert wurde. Die teilweise wunderschön revitalisierten Stadthäuser grenzen an das eben erst renovierte Krankenhaus Korneuburg, ein Stützpunktspital, das von Bewohnern des Weinviertels und auch Wienern bei Bedarf angesteuert wird. Nicht nur Ende des 19. Jahrhunderts wusste man die Vorzüge der Bezirkshauptstadt Korneuburg zu schätzen. Seit den frühen 1980er Jahren ist wieder folgender Trend auch in Korneuburg zu bemerken: Immer mehr Wiener siedeln sich hier in der „Provinz" an, um die Vorzüge des Lebens „am Land" zu genießen. Das führte zu einer Zersiedelung der Stadt, weil immer neue Grundstücke für die Einfamilienhäuser der Hauptstädter, die ihren Hauptwohnsitz hierher verlegten, erschlossen wurden. Deshalb sind heute die Stadtgrenzen auf der Bundesstraße zwischen Korneuburg und Langenzersdorf im Osten und Korneuburg und Leobendorf im Westen übergreifend.

Die dem Hl. Ägidius geweihte und ursprünglich im Jahr 1212 in spätromanischem Stil erbaute Kirche wurde 1417 nach einem Stadtbrand gotisiert. 1846 wurde an Stelle der Flachdecke das neugotische Gewölbe des Mittelschiffes eingezogen. 1899 – 1903 wurde das Westwerk neu erbaut. Die Höhe des Turmes beträgt 66 Meter. Architektonisches Glanzstück ist der Chor aus dem 14. Jahrhundert.

Kleine Historie

Korneuburgs lateinischer Name war Corena Nova. Im Jahre 1136 wurde es erstmalig urkundlich in der Gründungsurkunde des Benediktinerklosters Klein-Mariazell erwähnt, als neuer Marktplatz – novum forum, forum trans Danubium. 1298 erhielt Korneuburg das Stadtrecht durch Herzog Albrecht I., was die formelle Trennung von Klosterneuburg bewirkte. Aufgrund seines Status als landesfürstliche Festung war Korneuburg in verschiedenen Kriegen immer wieder stark umkämpft (*Belagerung von Wien 1683, Dreißigjähriger Krieg, Napoleonische Kriege*). Die Stadtanlage entspricht deutlich einem schlesischen Gründungsschema. Bemerkenswerterweise ist Korneuburg damit die einzige österreichische Stadt mit einem typisch schlesischen zentralen regelmäßig rechteckigen „Ringplatz“, also mit großem Markt, der in der Mitte das Rathaus und eine weitere Häuserinsel, in Niederösterreich „Grätzl“ genannt, umschließt. Das Rathaus wurde im historistischen Stil erbaut und 1895 feierlich eröffnet. An der Hauptfront befinden sich oberhalb der Statuen von Kaiser Franz Josef und Herzog Albrecht I. die Wappen der Kronländer. Über dem Eingang mit der Büste des Wiener Architekten Max Kropf sind die Wappen von bedeutenden niederösterreichischen Städten zu sehen. An der Nordseite des Rathauses sind die Wappen der Herrscher angebracht,

Mit einem schönen Rundblick von Korneuburg werden interessierte Besucher, die den Stadtturm am Rathaus begehen, belohnt.

die für Korneuburg besondere Bedeutung hatten, so auch Matthias Corvinus und Przemysl Ottokar. Die Wappendecke im Inneren des Rathauses zeigt ausschließlich bürgerliche Wappen des 15. und 16. Jahrhunderts. Das Wappen des ersten gewählten Bürgermeisters der Stadt, Andreas Ramler (*1406*) und das seines Nachfolgers Niklas Engelgershauser, der sich für den raschen Wiederaufbau der Stadt nach der verheerenden Brandkatastrophe von 1417 verdient gemacht hatte, sind besonders erwähnenswert. Die ehemalige Schiffswerft wurde 1852 von der DDSG, der damals weltgrößten Reederei, als Winter- und Reparaturhafen errichtet.

Sie war zwar nicht sehr groß, hatte aber bis 1880 sogar ein eigenes kleines Spital. Nach dem Untergang der Monarchie verlor die DDSG die wichtigsten Werften in Ungarn, wodurch die Bedeutung der Korneuburger Werft und deren Beschäftigungsstand wesentlich stiegen. Neben formschönen Passagierschiffen wurden auch Schwimmkräne, Zug- und Schubschiffe, Fischdampfer und sogar Hochseeschiffe gebaut. 1927 wurde die Raffinerie Korneuburg in Betrieb genommen. 1958 folgte das Kraftwerk Korneuburg.
Seit 2006 ist Korneuburg Mitglied des Regionalentwicklungsvereins „10 vor Wien".

Zentrale

Lagerhaus Korneuburg

LANDWIRTSCHAFTLICHE GENOSSENSCHAFT. Das Lagerhaus Korneuburg wurde im Jahr 1920 in wirtschaftlich bewegten Zeiten gegründet. Die wirtschaftliche Not war erdrückend, die Inflation stieg unaufhörlich. Es ging darum, etwas ganz Neues zu schaffen, in Gang zu bringen und auszubauen. Das Neue war, den Fokus auf die wirtschaftliche Stützung und Stärkung des einzelnen Mitgliedes zu legen und nicht auf kurzfristigen Gewinn auszurichten. Dieser Genossenschaftsgedanke ist auf Grund der Wirtschaftskrise heute genauso aktuell wie vor 90 Jahren. Lag der Schwerpunkt bei der Gründung hauptsächlich im agrarischen Bereich, so hat sich das im Laufe der Zeit stark weiterentwickelt. Schon lange gehen die wirtschaftlichen Belange über den agrarischen Bereich hinaus und sollen in Zukunft noch weiter ausgebaut werden. Heute gehören neben den landwirtschaftlichen Erzeugnissen und Betriebsmitteln auch der Kfz-Bereich, Baustoffe, Konsumgüter, Installationsmaterial und Dienstleistungen zum Repertoire des auf Nachhaltigkeit ausgerichteten Traditionsunternehmens. Das Lagerhaus Korneuburg und Umgebung unter der Leitung von Direktor Leopold Scheibböck ist mit seinen rund 180 Mitarbeitern, davon 20 Lehrlinge, einer der größten Arbeitgeber der Region. Seit Jahrzehnten ist das Lagerhaus Korneuburg einer der größten Kunden der ÖBB. Tausende Tonnen von Getreide und Kartoffeln werden auf dieser Bahnlinie während der Erntezeit transportiert.

Korneuburg — Stetten — Harmannsdorf -Rückersdorf — Mollmannsdorf — Würnitz-Hetzmannsdorf

© loefflerpix.com (2)

Weinsteig-
Großrußbach

Karnabrunn

Wetzleinsdorf

Naglern-
Simonsfeld

Ernstbrunn

Bildteil

© loefflerpix.com

Weinsteig-
Großrußbach

Karnabrunn

Wetzleinsdorf

Naglern-
Simonsfeld

Ernstbrunn

Das neugotisches Rathaus mit spätgotischem Turm besitzt viele geschichtliche Details, wie das eingefasste Wappen von Korneuburg.

Oben:
Das Rattenfängerstadion ist ein Mehrzweck-Sportplatz, das die Heimstätte des ASC Marathon Korneuburg (Fußball) und der Danube Dragons (American Football) ist. Das Stadion bietet rund 600 Personen Platz und wurde im Jahr 2003 fertig gestellt.

Rechts:
Die Pfarrkirche St. Ägid spiegelt sich in der Fensterfassade der Bezirkshauptmannschaft von Korneuburg wieder.

© Privatarchiv Jirout

© loefflerpix.com (4)

Links:
Die Augustinerpassage, die gegenüber der Augustiner Kirche liegt, ist noch ein Relikt aus dem mitteralterlichen Korneuburg.

Oben & Rechts:
Die Augustinerkirche entstand aus dem ehemaligen Augustinereremitenkloster (Gründung 1338), das mit bedeutender barocker Ausstattung versehen ist. Von 1745-73 wurde der Neubau von Grund auf errichtet. 1898 kam der Turm hinzu. In der Kirche befinden sich bedeutende Werke von Franz Anton Maulpertsch (1724-96). Besonders der Hochaltar ist ein Hauptwerk Maulpertschs. Der Maler bindet die rahmenden Säulen der Architektur in sein Freskengemälde mit ein. Die weiteren Altäre sind: Der Pestaltar (Hl.Rochus), Monika-Altar, Armen-Seelen-Altar (Hl.Nikolaus von Toledo) und der Augustinus-Altar.

Das Café „Zum Rattenfänger" befindet sich im alten Rathaus mit einer schmucken Terrasse, um sehen und gesehen zu werden.

© Privatarchiv Jirout

Rechts:
Beim Oltimertreffen am 11. September 2010 wurde eine touristische Oldtimerausfahrt für Automobile und Motorräder (bis Baujahr 1980) ins Weinviertel unternommen.
Der veranstaltende Korneuburger Oltimer-Club wurde 2006 gegründet und hat im Augenblick ca. 20 Mitglieder, wovon jedes Mitglied ein oder mehrere liebevoll restaurierte Schmuckstücke in der Garage stehen hat.

ben:
ie Weichen für die Zukunft der „Landes-
ahn Korneuburg – Ernstbrunn“ stellen.

echts:
ine restaurierte Dampfwalze und zwei
ampftraktoren, die beim Korneuburger
afenfest 2010 dem interessierten Pu-
ikum vorgeführt wurden,lösten großes
rstaunen bei Klein und Groß aus.

Weinsteig-Großrußbach | Karnabrunn | Wetzleinsdorf | Naglern-Simonsfeld | Ernstbrunn

© loefflerpix.com (5)

Links:
Beeindruckende Fahrt auf der Güterzuglok kurz vor der Einfahrt in den Korneuburger Bahnhof.

Oben, rechts und gegenüberliegende Seite:
Auf dem wöchentlich stattfindenden Bauernmarkt vor dem Rathaus von Korneuburg werden heimisches Gemüse, Obst und weitere regionale Fleisch- und Wurstspezialitäten angeboten.

Korneuburg — Stetten — Harmannsdorf -Rückersdorf — Mollmannsdorf — Würnitz-Hetzmannsdorf

Rechts:
In den vielen idyllischen Gassen von Korneuburg kann man bei einem Spaziergang schöne Blickwinkel und Details erblicken.

Weinsteig-Großrußbach

Karnabrunn

Wetzleinsdorf

Naglern-Simonsfeld

Ernstbrunn

Stetten

© loefflerpix.com

Stetten

Stetten

STETIN. Die Fläche der Gemeinde Stetten umfasst 7,7 Quadratkilometer die Einwohnerzahl beträgt rund 1250 Personen. 9,54 Prozent der Fläche sind bewaldet. Im Jahr 1187 wurde der Ort „Stetin" das erste Mal urkundlich erwähnt. Stetten wurde damals dem Stift Klosterneuburg als Lehen übergeben. Im 14. Jahrhundert wurde der Ort eine selbstständige Seelsorgeeinheit. Auch in dieser Zeit wurde Stetten nicht vor kriegerischen Auseinandersetzungen verschont. Für das gegen die Türken aufgebotene Reichsheer mussten 1529 Quartiere und Verpflegung bereitgestellt werden. Im 17. Jahrhundert prägten der Dreißigjährige Krieg, die Pest und die zweite Türkenbelagerung diese Region.
1685 erhielt Stetten sein eigenes Dorfrecht. Auch im 18. Jahrhundert litt die Bevölkerung unter der Pest im Ort. 1809 ging als das Jahr der Franzosenkriege in die österreichische Geschichte ein.

Im Raum Stetten kam es ebenfalls zu kriegerischen Auseinandersetzungen. Viele Stettner flüchteten in die umliegenden Wälder. Die Zeit nach dem Wiener Kongress brachte wieder wirtschaftlichen Aufschwung. Mit Lebensmitteln und Wein konnten in Wien hohe Preise erzielt werden. Die Wirren von 1848 betrafen Stetten nicht wesentlich, die darauf folgende neue Reichsverfassung führte aber dazu, dass der Ort eine eigenständige Verwaltung bekam. Im Jahr 1850 fand die Wahl des ersten Bürgermeisters statt. 1904 konnte die neue Kirche feierlich eröffnet werden. 40.000 Kronen aus der Gemeindekassa wurden zur Errichtung der Landesbahn zur Verfügung gestellt. Die beiden Weltkriege bedeuteten jedoch wieder großes Leid. Danach ging es stetig aufwärts. In den letzten Jahrzehnten wandelte sich Stetten vom rein bäuerlichen Dorf zu einer Bevölkerungsstruktur, in der fast alle Berufsgruppen vertreten sind.

Nach wie vor ist es jedoch ein Ort, der für seine Heurigen und Weingärten bekannt ist. Im Jahr 1987 wurde die 800 Jahr-Feier abgehalten. Mit Beschluss der NÖ Landesregierung vom 17. März 1987 ist die Gemeinde Stetten berechtigt, ein Gemeindewappen zu führen. Seit 2006 ist Stetten Mitglied des Regionalentwicklungsvereins „10 vor Wien".

Die Pfarrkirche zeigt in der Barbarakapelle (*rechtes Seitenschiff*) noch gotische Bauelemente und ein Sakramentshäuschen aus dem 14. Jahrhundert. Das Presbyterium stammt aus dem 15. Jahrhundert. Die barockisierte Kirche wurde 1903/04 um die Orgelempore verlängert und um das linke Seitenschiff verbreitert. Die Innenausstattung wurde nach dem Zeitgeschmack durch den aus St. Ulrich im Grödental stammenden Altarbauer Josef Riefesser neugotisch umgestaltet. 1977 erfolgte die Innenrenovierung, 1990 die Außenrenovierung.

Im Jahr 2001 gab es 38 nichtlandwirtschaftliche Arbeitsstätten und 29 land- und forstwirtschaftliche Betriebe. Im Gemeindegebiet von Stetten befindet sich das Umspannwerk Bisamberg, das im Verbundnetz der Österreichische Elektrizitätswirtschaft neben Freiluftschaltanlagen für das 220-kV-Netz der Donaukraftwerke und einer gasisolierte Schaltanlage für 110 kV auch eine 380-kV-Schaltanlage umfasst.

Durch Stetten verlaufen zwei verkehrsträchtige Hauptverkehrsstraßen: Die Landesstraße 33 (*in Nord-Süd Richtung*) und die Landesstraße 1113 (*in Ost-West Richtung*). Um den weiterhin stark steigenden Verkehr in den Umlandgemeinden von Wien zu bündeln und aus den Ortschaften zu bekommen wurde die S1 gebaut. In Stetten befindet sich auch die „Fossilienwelt Weinviertel", das größte zugängliche fossile Austernriff der Erde. Dieses Riff stammt aus der Zeit vor rund 17 Millionen Jahren.

Tag des Stettner Weins:
Jedes Jahr steht das Dorf Stetten im Zeichen des heimischen Weins. Auch 2010 konnte der interessierte Besucher bei einer Verkostung alles Wissenswerte rund um den Wein bei der Familie JATSCHKA Maria & Franz /Am Kirchenweg, Familie JATSCHKA/ Wienerstraße 7, Familie KUGLINGER/ Hundsleiten Keller, Familie PFAFFL H.&Th./Kellergasse 9, Familie PRINZ/ Kellergasse 1a, Familie STEINDL/ Hauptstraße 33, Familie WIEDECK/ Am Kirchenweg und Familie ZEHETNER/Hauptstraße 17 erfragen. Auf dem Weinwanderweg wird bei einem Spaziergang in den Weingärten die Spezifikation der einzelnen Rebsorten für die ganze Familie übersichtlich dargestellt.

Links:
In Stetten werden zwischen den idyllischen Weingärten auch Rinderarten gezüchtet, die – genetisch betrachtet – vom Aussterben bedroht sind. Der niederösterreichische Rinderzuchtverband hat sich gemeinsam mit örtlichen Bauern dieser wichtigen Aufgabe verschrieben.

Rechts:
Eines der Wahrzeichen von Stetten ist die weithin sichtbare Kirche. Hier der Blick in Richtung Bisamberg, der nahe bei Wien liegt.

Weinsteig-Großrußbach — Karnabrunn — Wetzleinsdorf — Naglern-Simonsfeld — Ernstbrunn

Obere Reihe (v. li.):

1. Nachdem in Stetten der Bahnhof etwas außerhalb des Dorfrandes versetzt wurde, bauten die Mitglieder des „Vereins Neue Landesbahn“ diesen ehrenamtlich wieder auf.

2. Nach dem Bahnübergang zweigt die Landesbahn mit einem Zufahrtsgleis zum Umspannwerk des Verbunds von Stetten ab. Die übergroßen Transformatoren können nur über die Eisenbahnlinie zugeliefert werden.

Unteres Bild:

Ein grandioses Schauspiel im Frühjahr ist die Rapsblüte, wenn die Felder bis zum Horizont das untere Weinviertel gelb leuchten lassen.

Der Vienna Cricket Club ist der älteste Cricketklub in Österreich. Gegründet wurde er im Jahr 1975 von einem englischen Lehrer mit seinen österreichischen Schülern. Seit den frühen Jahren hat der Verein eine internationale Mischung von Spielern aus Drittstaaten wie England, Australien, Südafrika, Neuseeland und Österreich. Seit 1995 betreibt der Verein seinen eigenen Grund und Boden nördlich von Wien, wo die Hälfte der Ligaspiele stattfinden.

© loefflerpix.com (5)

Das neue, weithin sichtbare Wahrzeichen der Fossilienwelt ist der 17 Meter hohe Aussichtsturm in Form einer Turmschnecke. Die „turitella gradata" ist einer der fossilen Funde aus dem Austernriff und im Original 120 mm groß.

Fossilienwelt
Stetten

VOR 16,5 MILLIONEN JAHREN. Seit Juni 2009 ist nach über 20-jähriger Grabungs- und Forschungsarbeit die „Fossilienwelt Weinviertel" geöffnet - eine Erlebniswelt für die ganze Familie. Seit Mitte des 19. Jahrhunderts sind die Fossilvorkommen des Korneuburger Beckens bekannt. Beim Abbau von Sand und Ziegelton konnten immer wieder interessante Reste des Lebens aus einer Zeit vor 16,5 Millionen Jahre geborgen werden. 1975 begann eine Gruppe von Sammlern mit Fundortaufnahmen und systematischen Grabungen unter Berücksichtigung wissenschaftlicher Kriterien. Daraus entstand das „Projekt Teiritzberg", in dem der Korneuburger Verein „Freunde der Mineralien und Fossilien" unter der Leitung von Dr. Wolfgang Sovis eine umfangreiche Dokumentations- und Sammeltätigkeit entwickelte. Aufgrund der bedeutsamen Ergebnisse entschloss sich die Gemeinde Stetten zur Bewahrung der wichtigsten Fundstelle am Teiritzberg. Im Jahre 2006 wurde gemeinsam mit dem Naturhistorischen Museum in Wien ein Teil des Austernriffes freigelegt und schließlich in den Jahren 2008 bis 2009 der Themenpark errichtet.
Eine Flußlandschaft mit ausgedehnten Sümpfen reichte vom Bisamberg bis auf die Höhe von Obergänserndorf. Immer wieder drang das Meer in die Sümpfe ein, und Haie und Rochen eroberten den Lebensraum. Eine Sensation war der Fund einer 45 Millimeter großen Perle durch Herbert Binder. Die Perle ist ein Weltunikat und zählt zu den bedeutendsten Objekten der Ausstellung. Das neue, weithin sichtbare Wahrzeichen der Fossilienwelt ist der 17 Meter hohe Aussichtsturm in Form einer Turmschnecke. Die „turitella gradata" – einer der fossilen Funde aus dem Austernriff – ist im Original 120 Millimeter groß. Für alle Interessierten gibt es zwei Schürffelder: im „Haifischbecken" kann man selbst den Meeressand nach Haifischzähnen durchsieben und in der „Perlenbucht" finden sich wertvolle Perlen am Sandstrand.

Der Fund der bisher weltgrößten Perle durch Herbert Binder mit einem Durchmesser von 45 mm ist die Sensation in der Fosillienwelt Stetten.

© Fossilienwelt Stetten

Weinsteig-Großrußbach

Karnabrunn

Wetzleinsdorf

Naglern-Simonsfeld

Ernstbrunn

Harmannsdorf-Rückersdorf

© Privatarchiv Jirout

Harmannsdorf-Rückersdorf

HADMAR, ROUTKER UND RÜDIGER. Harmannsdorf liegt etwa fünf Kilometer nördlich von Korneuburg im Hügelland des Weinviertels und hat rund 3660 Einwohner. Die Fläche der Marktgemeinde umfasst 55,55 Quadratkilometer. 27,59 Prozent der Fläche sind bewaldet. Ein Großteil des Waldanteils fällt auf den Rohrwald.

Harmannsdorf und Rückersdorf wurden nachweisbar im Jahre 1113 erstmalig mit den Namen Hadmarisdorf und Roukerisdorf urkundlich erwähnt. Die Namen der beiden Orte gehen auf deutsche Personennamen zurück. Harmannsdorf auf Hadmar und Rückersdorf auf Routker, Roudger, Rüdiger. Rückersdorf hat den Namensursprung nicht von „rücken“ oder „hereinrücken“, wie es in einer Sage geschildert wird. Möglicherweise flüchtete aber ein Teil der Bevölkerung des damals im Rohrwald angesiedelten Wielensdorf gegen Ende des 15.Jahrhunderts nach Rückersdorf. Im Laufe der Jahrhunderte nahmen die beiden Ortschaften sowohl an Größe als auch an Bedeutung zu. Beide Siedlungen waren bis zur Bauernbefreiung im Jahre 1848 im Besitz des Stiftes Korneuburg. 1849 wurden die Gemeinden selbstständig, und die Gemeindevertreter und der Bürgermeister werden seither frei gewählt. 1875 wurde die Volksschule in Harmannsdorf errichtet und anfänglich mit drei Klassen geführt. Weil der durch Rückersdorf fließende Donaugraben oft über die Ufer trat und erheblichen Schaden anrichtete, wurde 1894 östlich von Rückersdorf, „hinter der Hinterzeile“ ein Entlastungsgerinne geschaffen. 1963 wurde Harmannsdorf vom damaligen Landeshauptmann Leopold Figl zur Marktgemeinde erhoben.

Von 1967 bis 1969 erfolgte in Harmannsdorf-Rückersdorf die Grundzusammenlegung von 1200 Hektar Ackerland. Im Jahre 1972 wird der Zusammenschluss zur Großgemeinde Harmannsdorf, Rückersdorf, Kleinrötz, Mollmannsdorf, Obergänserndorf, Hetzmannsdorf, Seebarn. Seit 2006 ist Harmannsdorf Mitglied des Regionalentwicklungsvereins 10 vor Wien. Im Rahmen eines „Energietages" wurde am 5. Oktober 2007 die Beitrittsurkunde zum Klimabündnis feierlich unterzeichnet. Die Kirche von Harmannsdorf, dem heiligen Hippolyt und der Kreuz-Auffindung geweiht, ist urkundlich 1282 und 1285 genannt. Ein älterer romanischer Langhausbau (*7,9 mal 15,8 m*) ist teilweise noch erhalten geblieben. Anlässlich der Innenrenovierung 1978 wurden die romanischen Fundamente der Kirche freigelegt, welche nach Schätzungen spätestens 1217 errichtet wurden. Die Generationenbrücke in Rückersdorf ist eine zum Jahrtausendwechsel erbaute Holzbrücke über den Donaugraben in Rückersdorf. Auf den Bögen dieser Brücke befinden sich 76 Tafeln mit den Namen jener 1244 Einwohner, die zum Stichtag des 1. Januar 2001 in Harmannsdorf-Rückersdorf wohnhaft waren. Die Generationenbrücke soll neben dem Jahrtausendwechsel auch die Verbundenheit der älteren Generationen mit der Jugend ausdrücken. Der Frontgedenkstein an der Waldstrasse von Rückersdorf nach Oberrohrbach an der Landesstraße 32 befindet sich dort, wo am Ende des Zweiten Weltkrieges vom 17. April bis 8. Mai 1945 die Front verlief und soll auch die kommenden Generationen an diese schreckliche Zeit erinnern.

Untere Reihe (rechts):
Der alte Bahnhof von Harmannsdorf-Rückersdorf. Hier eine alte Ansicht aus den 1980ern.

Untere Reihe (links):
Die Freiwilligen Feuerwehren leisten in Städten und Gemeinden einen unverzichtbaren Dienst für Menschen, die durch Unfall, Brand oder Naturkatastrophen in Not geraten sind. Viele Fahnen und Banner tragen das Bildnis des Hl. Florian, ihres Schutzpatrons; kein Feuerwehrgerätehaus, in dem nicht eine Figur des Heiligen zu finden wäre. Es ist ein Phänomen, dass sich das Gedächtnis und die Verehrung über so viele Jahrhunderte lebendig erhalten hat; denn es ist wenig historisch Gesichertes von ihm bekannt. Er war Christ und Staatsbeamter und wurde am 4. Mai 304 nahe der heutigen Stadt Enns ertränkt.

© Privatarchiv Jirout

Korneuburg — Stetten — **Harmannsdorf-Rückersdorf** — Mollmannsdorf — Würnitz-Hetzmannsdorf

Der „Nostalgiezug“ rattert durch die weite kultivierte Hügellandschaft des Weinviertels. Der Blick gleitet in Richtung Korneuburg, im Vordergrund Harmannsdorf-Rückersdorf (linke Seite), das sich im Schatten des herbstlichen Abendlichtes befindet.

Untere Reihe (rechte):
Die Generationsbrücke wurde 2000 unter dem Projekt „Niederösterreichische Dorferneuerung“ erbaut. Im Fussgängerbereich sind alle Personen namentlich angeführt, die zu diesem Zeitpunkt in Harmannsdorf-Rückersdorf gemeldet waren.

Untere Reihe (linke):
Täglich harter Einsatz im Verschub gewährleistet die Transportsicherheit und Garantie durch die Bahn für die ansässigen Firmen und deren Produkte.

Weinsteig-Großrußbach — Karnabrunn — Wetzleinsdorf — Naglern-Simonsfeld — Ernstbrunn

Die Landwirtschaft des Weinviertels:
Trotz des starken Rückgangs der Betriebe in der Landwirtschaft haben diese eine traditionell große Bedeutung. Von den bestehenden 13.665 Betrieben werden 48 Prozent im Nebenerwerb geführt. Die Betriebsstruktur ist unterschiedlich. In den Bezirken Mistelbach, Korneuburg und Gänserndorf gibt es überwiegend Großbetriebe, im Bezirk Hollabrunn dominieren Kleinbetriebe. Die Forstwirtschaft spielt keine bedeutende Rolle.
Wie überall kämpfen die Landwirte mit sinkenden Preisen für Agrarprodukte. Dennoch gibt es vielversprechende Projekte für die Selbstvermarktung und regionale Wertschöpfungsketten. Innovative Gemüsebaubetriebe nutzen den Einzugsbereich Wiens. Durch geschicktes Marketing kann man auf dem internationalen Markt mithalten. Generell bietet die große Vielfalt an Weinviertler Agrarprodukten noch viel Potenzial und sogar Chancen auf neue Arbeitsplätze durch Direktvermarktung oder Nutzung von nachwachsenden Rohstoffen.

© loefflerpix.com (2)

© Privatarchiv Jirout (2),

Weinsteig-
Großrußbach

Karnabrunn

Wetzleinsdorf

Naglern-
Simonsfeld

Ernstbrunn

Mollmannsdorf

6

Mollmannsdorf

Mollmannsdorf

IDYLLISCHES DORF MIT CHARAKTER. Nach jahrelangen Verhandlungen konnte der Ankauf der ÖBB-Flächen neben dem Bahnhof Mollmannsdorf abgeschlossen werden. Seitens der Gemeinde wurde damit begonnen, wieder eine Aus- und Einstiegmöglichkeit zu schaffen. Nach den Anschüttungen wurde nach dem Winter eine weitere saubere Schicht aufgebracht. Somit wurden alle technischen Voraussetzungen geschaffen, um in die Sonderfahrten des „NostalgieExpress“ aktiv eingebunden zu werden. Die Strecke selbst ist ab Mollmannsdorf landschaftlich überaus reizvoll und weist am sogenannten „Mollmannsdorfer Berg” eine Steigung von 27 Promille auf, was teilweise steiler ist als die Semmeringbahn. Nicht selten ist in früheren Jahren dort ein Zug auf nassen oder vereisten Schienen hängengeblieben und musste retour schieben um neuen Schwung zu nehmen. Für Freizeitsportler bietet die Region rund um Mollmannsdorf den Weinviertler Rundwanderweg und den Kreuttaler Radweg an. In früheren Zeiten konnten Wanderer aber auch Landstreicher ohne Unterkunft das „Heindl-Haus“ für eine Nacht nutzen, bevor sie am nächsten Tag weiterzogen. Der um 1900 als Backsteinbau außerhalb des Ortes auf einer Anhöhe erstellte villenartige „Thüringerhof“ ist von einem zeitgleich angelegten, in wenigen Teilen erhaltenen, von einer Backsteinmauer mit Gittern eingefriedeten Garten umgeben.

Vom Ort führt eine teils nachgepflanzte Roßkastanienallee auf die Anhöhe des Thüringerhofes. Das Gebäude ist in Privatbesitz und öffentlich nicht zugänglich. Mollmannsdorf ist auch ein idealer Boden für Dressur- & Springreiter, die im Reitstall „HIPPOteam" anssäsig sind. Dieser unterhält internationale Kontakte zum Beispiel zum „Military Club Slovensko" in der Slowakei. Egal ob Anfängerunterricht an der Longe, Bahnstunden in der Gruppe, Dressur-und Springtraining, oder auch einmal ein entspannender Ausritt – auf den zur Verfügung gestellten Schulpferden findet jeder Möglichkeiten, den Pferdesport auszuüben oder seine reiterlichen Fähigkeiten auszubauen. Die kleine Kirche in Mollmannsdorf wurde erst als Glockenturm mit einem hölzernen Betraum erbaut. 1807 wurde dann eine steinern gemauerte Kapelle errichtet, die 1831 vergrößert wurde. In den Jahren 1968 – 1970 haben die Bewohner von Mollmannsdorf auf Anregung von Prof. Josef Weinnand die Initiative selbst in die Hand genommen und die Johannes dem Täufer geweihte Kirche renoviert. Architekt und Baumeister Alfred Getz erstellte unterstützend den Bauplan. Da die gesamte Region immer wieder eine militärisch wichtige Frontlinie darstellte, wurde vor der Kirche ein Kriegsdenkmal errichtet, das – so wie in allen Nachbargemeinden im Weinviertel - an die schlimme Zeit des Zweiten Weltkrieg erinnern soll.

Oben:
Der „NostalgieExpress“ führt Touristen zweimal täglich, sams-, sonn- und feiertags durch die kurvenreich angelegte Bahnstrecke des Weinviertels. Besonders das Teilstück von Mollmannsdorf, auf den Mollmannsdorfer Berg, ist ein Bahnausflug wert.

Links:
Die Archivaufnahme zeigt das alte Gasthaus in Mollmannsdorf, gleich neben dem Bahnhof. Heute befindet sich im neu renovierten Gebäude eine Tierarztpraxis.

Rechts:
Das Radwegnetz im Weinviertel ist gerade im Aufbau. Natürlich führt auch durch das Kreuttal ein Radweg: der Eurovelo 9. Daneben gibt es – ideal für Familien- und Tagesausflügler – im Kreuttal selbst einige Radrundfahrten.

Der um 1900 als Backsteinbau außerhalb des Ortes auf einer Anhöhe erbaute villenartige „Thüringerhof" ist von einem in wenigen Teilen erhaltenen Garten umgeben, der von einer Backsteinmauer mit Gittern eingefriedeten ist.

© loefflerpix.com

© Reischinger

Oben:
Die „ErlebnisBahn“ führt auch zur kalten Jahreszeit Sonderfahrten im Weinviertel durch. Hier gibt es besonders für Eisenbahnfans immer wieder imposante Motive.

© loefflerpix.com

Rechts:
Wie in Stetten wurde auch der Bahnhofsbereich von Mollmannsdorf renoviert. Hier können Passagiere in die Sonderzüge am Wochenende zusteigen.

Der Zug fährt soeben aus der Haltestelle Mollmannsdorf hinauf auf den Scharreither Berg in Richtung Würnitz-Hetzmannsdorf. Der Scharreither Berg weist Steigungen wie die Semmeringbahn auf.

Weinsteig-Großrußbach | Karnabrunn | Wetzleinsdorf | Naglern-Simonsfeld | Ernstbrunn

Würnitz-Hetzmannsdorf

ÖB
2070 075-3

Würnitz-Hetzmannsdorf

Würnitz-Hetzmannsdorf

SAGEN & KUNST. Einer überlieferten Geschichte nach lebten im 15. Jahrhundert vom Geschlecht der „Wiernitzer“ nur mehr die Brüder Maximilian und Rudolf. Maximilian besaß Schloss und Herrschaft Wiernitz, während Rudolf am Prager Hof des Böhmenkönigs Sigismund diente. Er fand Gefallen an der hussitischen Lehre, verließ den Hof, schloss sich dem hussitischen Heer an und fiel mit seiner Truppe in Österreich ein. Maximilian blieb dem katholischen Glauben treu, kämpfte gegen die Hussiten und zog sich so deren Hass zu. Der fanatische Rudolf überfiel das Schloss des Bruders, ließ Maximilian an den Fußboden nageln, mit Pfeilschüssen durchbohren und lebend einmauern. Bei Renovierungsarbeiten am Nordpfeiler des ehemaligen Schlosses wurde 1764 das Gerippe eines Mannes gefunden, dessen Hände und Füße durchbohrt waren, im Schädel und Schulterblatt steckten noch Pfeile. Diese wahre Geschichte ist in Würnitz auf einem Sagenstein verewigt, der an das Hussitenfest erinnern soll.

Der Ort Hetzmannsdorf schmiegt sich an die sanfte Hügellandschaft und Kulturflächen des Weinviertels. Nahe der Ortschaft Hetzmannsdorf befindet sich das Kunstfeld Hetzmannsdorf das zur „Land-Art-Kunstströmung“ zählt und unmittelbar neben der Laaer Straße liegt. Von 2003 bis 2005 wurden auf einem für das Weinviertel charakteristischen, gewellten Ackerstreifen in gleichmäßigen Abständen elf steinerne Stelen aufgestellt. Die zwölfte Stele vervollständigt das Dutzend und befindet sich am Ortsrand von Harmannsdorf-Rückersdorf, ebenfalls neben der Laaer Straße. Die aus Granit

bestehenden, rund neun Tonnen schweren Steinquader haben eine Höhe von circa 4,50 Meter, ihr Querschnitt ist ein Quadrat mit 80 cm Seitenlänge. Das Kunstfeld soll zu einer Auseinandersetzung mit der Kulturlandschaft im Weinviertel führen. Es weist aber auch auf die Arbeit der Bauern hin, die diese Landschaft Jahr für Jahr gestalten und mit Farben und Strukturen umgeben. Die Bewohner der Region sind untrennbare Mitgestalter des gesamten Erscheinungsbildes. Abhängig von Jahreszeiten, Wetter, von Tag und Nacht ergibt sich ein ständig verändertes Landschaftsbild, welches durch die Skulpturenlinie besonderes zur Geltung kommt.

Das Sonnenrad steht ebenfalls unmittelbar neben der Laaer Straße nahe der Ortschaft Hetzmannsdorf unweit vom Kunstfeld. Das gelborange gestrichene Rad von Künstler Gerhard Kohlbauer aus Bruderndorf hat eine Höhe von circa 5,5 Meter. Es soll als Symbol für Sonne, Licht, Raum und Bewegung zu einer Auseinandersetzung mit dem Umfeld und der Landschaft führen.

Der „Reitclub Saint Patrick“ liegt mit seinen Stallungen und weitläufigen Pferde-Koppeln neben der Nostalgiebahnlinie Korneuburg – Ernstbrunn.

4800 v. Chr. bis cirka 4500 v. Chr. wurden Kreisgrabenanlagen im Wein- und Waldviertel angelegt, deren Reste man heute noch in Würnitz findet. Die Funktion der kreisrunden Erdgroßbauten mit einem Durchmesser von 45 bis 180 Meter ist bis heute nicht geklärt. So finden sich diese außer in Würnitz auch noch in Kleinrötz, Schletz und am Simonsfeld. Würnitz ist eine Kastralgemeinde von Harmannsdorf-Rückersdorf.

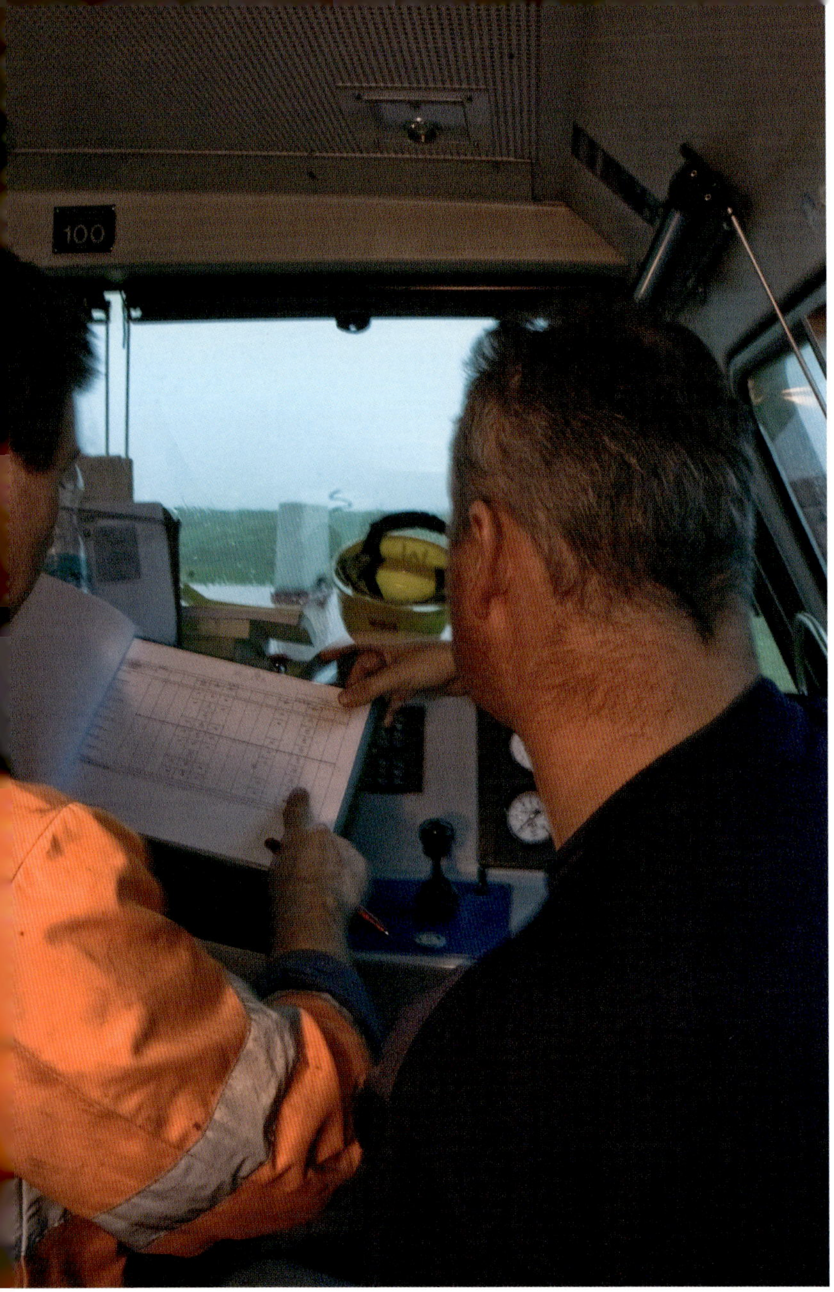

Oben:
Die ertragreichen weiten Agrarflächen müssen das ganze Jahr über gepflegt werden. Diese geben dem Weinviertel seinen typischen Landschaftscharakter.

Rechts:
Bei einer Wanderung durch die Hügellandschaft kann man auf schöne Schmetterlingsarten wie den Segelfalter treffen.

Links:
Das Logbuch mit den Notizen der in Tonnen gemessenen Verschubleistung muss nach jedem Ab- und Anhängen von Güterwaggons neu errechnet und protokolliert werden.

© Privatarchiv Jirout (2)

© loefflerpix.com (2)

Kunstfeld Hetzmannsdorf – eine Liebeserklärung an die Weinviertler Landschaft. An der Bundesstraße B6 steht dieses künstlerische Projekt. Im Laufe der Jahre 2003 – 2005 wurden auf einem gewellten Ackerstreifen in gleichmäßigen Abständen elf steinerne Stelen aufgestellt. Die zwölfte Stele liegt am Ortsrand von Harmannsdorf-Rückersdorf. Die Künstler stammen aus Tschechien, Norwegen, China, Deutschland und Österreich. Die Idee stammt vom international bekannten Steinbildhauer Peter Paszkiewicz; er war auch mit der künstlerischen Leitung betraut.

Weinsteig-Großrußbach

© Privatarchiv Jirout

Weinsteig-Großrußbach

Weinsteig-Großrußbach

ROMANTISCHES KREUTTAL. Weinsteig ist ein kleines Dorf, das am Eingang des Kreuttales gelegen ist und mit interessanten historischen Eckdaten aufwarten kann. Die St. Peter und Paul Filialkirche wurde urkundlich 1350 erstmals erwähnt. Das damalige „Vikariat“ von der Mutterpfarre Niederhollabrunn war mit vollem Pfarrecht ausgestattet. Der im Kern romanische Bau war als befestigte Wehrkirche in einem ehemaligen Sumpfgebiet erbaut worden. 1957 wurde die alte Wehrkirche renoviert. Der heute schlicht wirkende gotische Sakralbau wurde um das 14. Jahrhundert erschaffen und um 1700 mit einer barocken Inneneinrichtung ausgestattet. 1781 wurde ein wahres „Juwel“ alter Orgelkunst vom Orgelbaumeister Silberbauer aus Znaim als Brüstungsorgel mit sechs Registern erbaut. Die Marktgemeinde Großrußbach liegt in der unmittelbaren Nachbarschaft zu Weinsteig/Kreuttal. Die Gemeinde ist nach dem gleichnamigen Tal benannt, in dem der Rußbach die nördlich der Donau gelegenen Ausläufer der Alpen durchschneidet. Die Fläche der Marktgemeinde umfasst 32,71 Quadratkilometer. Großrußbach liegt im Tal des Rußbaches im Hügelland des Weinviertels, rund 17 Kilometer nördlich von Korneuburg. 14,2 Prozent der Fläche sind bewaldet. Katastralgemeinden sind Großrußbach, Hipples, Karnabrunn, Kleinebersdorf, Weinsteig, Wetzleinsdorf. Der offizielle Geburtstag der Marktgemeinde Großrußbach wird mit 1. Jänner 1972 festgehalten. Die erste Konstituierung des Gemeinderates fand am 8. April 1972 statt. Josef Holzmann, Landwirt aus Großrußbach, war der erste Bürgermeister der neuen Marktgemeinde Großrußbach. Die gesamte Grenzlänge beläuft sich auf rund 30 Kilometer. Die höchste Erhebung ist der Karnabrunner Wald mit 374 Meter.

Die enge Verbundenheit mit dem Bistum Passau, ist die Gemeinde seit dem 8.Jahrhundert kirchlicher Mittelpunkt des östlichen Donaubereichs. Die Pfarre entstand um 1050 und um 1135 findet sie sich im Babenberger Urkundenbuch Großrußbach unter den „13 Babenberger Eigenpfarren" und als die reichste des Landes mit der höchsten Verleihungstaxe ausgewiesen, wieder. Rudolf IV. wollte die Pfarre Großrußbach dem neu errichteten Kollegialstift Allerheiligen bei St. Stephan übertragen. 1437 sollte sie der Wiener Universität einverleibt werden, das jedoch unterblieb, weil sich diesem Vorhaben der Bischof von Passau widersetzte. Erst Kaiserin Maria Theresia übergab die Pfarre und Herrschaft Großrußbach im Jahre 1751 mit Zustimmung von Papstes Benedikt XIV., trotz Widerstands des Bischofs von Passau an das Kollegium Theresianum.

Bereits um 1740 ging der neu errichtete Pfarrhof mit dem geringen Besitz an die Erzdiözese Wien. Im Gemeindewappen sind in der unteren Schildhälfte zwei Schreibfedern dargestellt, von denen eine daran erinnern soll, dass dem Pfarrer von Großrußbach, Konrad von Pottendorf, die Urheberschaft der österreichischen Fassung des Nibelungenliedes zugeschrieben wird und er möglicherweise auch der Dichter des „Gudrunlieds" ist.
Ein wichtiges Dokument ist das Markterneuerungsdekret aus dem Jahr 1847 von Kaiser Ferdinand, in dem der Gemeinde das Privilegium zur Abhaltung dreier Jahrmärkte verliehen wurde. Dieses Marktrecht wurde von der Gemeinde bis zum Jahre 1938 genutzt. 1866 war der Rußbach Demarkationslinie zwischen Preußen und Österreich und auch der zweite Weltkrieg forderte seinen Tribut.

Rechts oben:
Wie in fast jeder Gemeinde des Weinviertels wird zur Erinnerung an die Gefallenen der beiden Weltkriege gedacht. Das Kriegerdenkmal steht unterhalb der Pfarrkirche Hl. Valentin, die mit spätbarocker (1738/40) und neugotischer (1908) Ausstattung ein weithin sichtbares Markenzeichen von Großrußbach ist.

Rechts unten:
Das Pilgern spricht die Sehnsucht der Menschen nach Sinnstiftung und Zielgebung an. Auf dem Jakobsweg Weinviertel erleben Wanderer die vielseitige Schönheit dieser Region.
Die Strecke führt auf 162 km von Mikulov/Tschechien über Drasenhofen, Mistelbach, Großrußbach und Stockerau bis nach Krems/Mautern an der Donau. In Mautern schließt der Weg zum österreichischen Jakobsweg entlang der Donau an.

Korneuburg — Stetten — Harmannsdorf-Rückersdorf — Mollmannsdorf — Würnitz-Hetzmannsdorf

Der Rußbach hat eine beachtliche Länge von ca. 71 km. Er entspringt aus einer sumpfigen Senke oberhalb der Ortschaft Lachsfeld, fließt durch Würnitz – das Kreuttal – Schleinbach bis nach Markgrafneusiedl – Leopoldsdorf im Marchfelde – Engelhartstetten und mündet bei Hainburg in die Donau. Seit 1992 wird der Rußbach vom Marchfeldkanal mit Donauwasser gespeist.

Weinsteig-Großrußbach | Karnabrunn | Wetzleinsdorf | Naglern-Simonsfeld | Ernstbrunn

Bildungshaus Schloss Großrußbach:
Das Grundgebäude des Bildungshauses ist der Westtrakt des ehemaligen Pfarrhofes, der 1739 errichtet wurde. Das Schloss gelangte 1948 in den Besitz der Erzdiözese Wien, von der es 1952/53 zu einem Volksbildungsheim umgebaut wurde. In den folgenden Jahrzehnten entstand durch Zubauten die heutige Form. Die Anlage besteht aus dem Haupthaus – das Schloss Großrußbach – und unterschiedlichen Nebengebäuden. Der Vierkantbau ist von einem barocken Stiegenaufgang flankiert, wobei zwei Putten die Laternen halten. Das Portal mit einem schönen Eingangstor ist von einem zweiteiligen „französischen" Ziergarten umrahmt. In der Mitte befindet sich ein grüner Innenhof mit Sitzgelegenheiten. Der ehemalige Garten zwischen Schloss und Wirtschaftsgebäude (heute Gästehaus) wurde zu einem Platz mit großzügigen Abstellflächen umgestaltet. Die Kapelle wurde 1998 – nach einem Konzept von Architekt Wolfgang Hofmeister – generalsaniert. 2005 erfolgte der Um- und Ausbau des Zimmertraktes.

© loefflerpix.com (7)

Weinsteig-Großrußbach

Karnabrunn

Wetzleinsdorf

Naglern-Simonsfeld

Ernstbrunn

Karnabrunn

© Privatarchiv Jirout

Karnabrunn

CHERNEBRUNNE. Eingebettet in die sanfte Hügellandschaft des südlichen Weinviertels liegt, angeschmiegt an den Kirchenberg, das Dorf Karnabrunn. Heute gehört es zur Marktgemeinde Großrußbach und ist der zweitgrößte Ort dieses Dörferverbundes. Die erste urkundliche Erwähnung des Namens von Karnabrunn (*Chernebrunne*) geht ins frühe Hochmittelalter zurück.

Jahrhunderte lang war der Ort eine wichtige Raststation für Mensch und Tier. An einer der Routen der berühmten Bernsteinstraße gelegen, konnten hier Fuhrwerker (=*Karner à Karna*) aus dem Ortsbrunnen (*Karnabrunn*), was in dieser Region eine Rarität darstellte, frisches Wasser für die Weiterfahrt bis zur Donau aufnehmen.

Das Schloss mit seinen Nebenanlagen, aus denen sich das Dorf entwickelte, bot über Jahrhunderte Schutz. Vier Gasthäuser und alle Geschäfte und Handwerker des täglichen Bedarfs gaben dem Ort ein emsiges und selbstständiges Treiben bis nach dem Zweiten Weltkrieg.

Ab dem 17. Jahrhundert wuchs die Bedeutung des Ortes mit der Wallfahrtskirche, die an einem alten, magischen Platz mitten im Wald am Berg errichtet wurde. Sie war jedes Jahr für tausende Pilger Ziel nach anstrengender Reise. Die der allerheiligsten Dreifaltigkeit geweihte Wallfahrtskirche wurde durch Julius Friedrich Bucelleni aufgrund eines – während der Pestzeit abgelegten Gelübdes von 1684 bis 1686 – erbaut.

Korneuburg – Stetten – Harmannsdorf-Rückersdorf – Mollmannsdorf – Würnitz-Hetzmannsdorf

Graf Bucellini und seine Frau gelobten, dass sie eine Kirche erbauen lassen wollten, wenn sie dem „Schwarzen Tod" entrinnen könnten. Als sie wirklich von der bösen Seuche verschont blieben, schritten sie daran, in der Nähe ihres Schlosses in Karnabrunn die gelobte Kirche zu erbauen.

Der Sage nach hatte Graf Bucellini einen Traum: Er sah einen Dornbusch, an dem das Bild der Heiligen Dreifaltigkeit hing. Auch die Gräfin hatte denselben Traum vom Dornbusch mit dem Bild. Sie waren nur nicht ganz sicher, wo sie das Gotteshaus errichten lassen sollten und so zögerten sie mit der Grundsteinlegung. (*Quelle: Das Weinviertel in seinen Sagen, Thomas Hofmann, Weitra 2000, S. 171*). Schon ab dem Pestjahr 1679 pilgerte die Wiener Leopoldstädter Fronleichnamsbruderschaft nach Karnabrunn. Nach einer weiteren Pestepidemie 1713 erlebte das Wallfahrtswesen seinen Höhepunkt. 1737 wurde der Grundstein für die barocke Kirchenstiege gelegt. Bis heute gibt es mehrere alljährliche Fußwallfahrten. Die Kirche enthält etliche kunsthistorisch interessante Einrichtungsgegenstände, wie ein bemerkenswertes frühbarockes Stiftungsbild des Grafen Bucellini. Sie liegt unmittelbar am Niederösterreichischen Weitwanderweg sowie am Jakobsweg.

Bahnhof Karnabrunn im Film:
Der Bahnhof Karnabrunn war schon mehrere Male Schauplatz und Kulisse für im Eisenbahnmilieu spielende Filme. Vom 17. – 19. Juli 1978 drehte Universal City Studio (Hollywood) Szenen für eine Wiederverfilmung des bekannten Romans „Der Gefangene von Zenda“ mit Peter Sellers und Elke Sommer in den Hauptrollen. Für die Aufnahmen stand der historische Zug des Österr. Eisenbahnmuseums - mit der bekannten 28er-Schnellzugslokomotive 372, einem alten dreiachsigen Postwagen der Kaiser Ferdinands-Nordbahn und drei in den Originalzustand versetzten alten zweiachsigen Personenwagen im Einsatz. Auch in dem bekannten Kriegsdrama „Steiner und das Eiserne Kreuz (Teil 2)“ wurde der Bahnhof für die Filmkulisse herangezogen. Um eine Szene in russischer Umgebung zu inszinieren wurde kurzerhand die Bahnhofsaufschrift „Karnabrunn“ in cyrillische Buchstaben umgeschrieben.

Korneuburg
Stetten
Harmannsdorf -Rückersdorf
Mollmannsdorf
Würnitz-Hetzmannsdorf

Abendstimmung im Weinviertel. Die der allerheiligsten Dreifaltigkeit geweihte Wallfahrtskirche, weithin sichtbar am Stainmeißelberg gelegen, wurde durch Julius Friedrich Bucelleni erbaut.

Wetzleinsdorf

© Privatarchiv Jirout

Wetzleinsdorf

Wetzleinsdorf

IM ARCHÄOLOGISCHEN BRENNPUNKT. In den 1920er Jahren entdeckte der Lehrer Karl Kriegler die urgeschichtliche Fundstelle Wetzleinsdorf. Seine Funde übertrug er zunächst dem Naturhistorischen Museum in Wien, dem Institut für Ur- und Frühgeschichte und dem Museum Korneuburg und meldete sie dem Bundesdenkmalamt.

Die ihm zugänglichen Funde beschreibt er in seiner Dissertation 1930 und in der „Wiener Prähistorischen Zeitung". Der Bestand der Studiensammlung umfasst mittelneolithische Funde aus der Sammlung Kriegler von 1927 und vor allem bronzezeitliche Keramikfunde aus der Sammlung Weinfurter, die ebenfalls 1927 gegraben wurden. Wie und wann die Funde von Kriegler in die Sammlung Weinfurter gelangten, ist noch nicht geklärt. Wetzleinsdorf steht seither im Brennpunkt archäologischer Untersuchungen: In den 1970er Jahren fanden Rettungsgrabungen geleitet von St. Nebehay und fortgesetzt von O. H. Urban statt. Dabei wurde eine einfache, mittelneolithische Kreisgrabenanlage festgestellt und einige bronzezeitliche Gräber entdeckt. Die Wetzleinsdorfer Nadel ist namengebend für die typische, mittelbronzezeitliche Gewandnadel mit gelochtem Hals und großem, flachen Kopf. Im Juli 1866 wurde

der Waffenstillstand mit Preußen geschlossen: Dabei wurde die Demarkationslinie Krems – Stockerau – Schönborn – Wetzleinsdorf – Leopoldsdorf festgelegt. Die Demarkationslinie verlief entlang der Donau von Krems nach Stockerau, dann den Göllersbach entlang bis Schönborn und von Wetzleinsdorf entlang des Rußbachs bis Leopoldsdorf. Heute ist die „Raiffeisen-Lagerhaus Korneuburg u. Umgebung, reg. Genossenschaft“ mit ihrem großen Betrieb an der Bahnlinie ansässig. Von hier aus werden in regelmässigen Abständen zwei bis drei Mal wöchentlich die gesammelte Getreide-Ernte per Bahn nach Korneuburg verfrachtet.

Naglern-Simonsfeld

Naglern-Simonsfeld

Naglern-Simonsfeld

LANDWIRTSCHAFT & WINDKRAFT. „Naglarum in parochia Sinebelvelden" – Naglern, in der Pfarre Simonsfeld gelegen, ist ein Doppelzeilen- und Breitangerdorf und fand 1147 erstmals Erwähnung. Der Name führt auf das Geschlecht der Herren von Nagelaren (*Nagelschmiede, Holznägelmacher*) zurück. Im Jahr 1212 wurde zum Beispiel Luipuldus de Nagelaren als Zeuge erwähnt. 1345 erschien wiederum Gottfried Redebrunner von Naglern in einer Urkunde als Zeuge neben Gneuß von Ernstbrunn, seinem Schwager. Etwa um das Jahr 1400 hatte Niclas der Grewz (*Gneuß*) einen Hof in Naglarn. Die Lehensherrschaft unterstand ursprünglich den Landesfürsten. Seit 1348 war Naglern auch an Ernstbrunn zinspflichtig. Naglern liegt 310 Meter über dem Meeresspiegel. In Naglern befinden sich mittelschwere humose Lehm-Lößboden, die für den landwirtschaftlichen Anbau in dieser Region von großer Bedeutung sind. Wanderer entlang der grenzlos scheinenden Kulturflächen nach Simonsfeld, kommen auf halbem Weg nach Lachsfeld. Im Jahr 1314 berichtet eine Urkunde des Stifts Göttweig über den Verkauf von Besitzrechten in Lachsfeld an das Stift Göttweig. Lachsfeld hieß früher auch Laxfeld, Laugsfeld oder Lauchsfeld (*Sumpfwald oder Gebüsch*). Es ist ein Dorf mit einem längsförmigen Dreiecksanger. Der Name Lachsfeld soll auch darauf zurückzuführen sein, dass im Ort die Gutsverwaltung Karnabrunn Fischteiche mit Lachsen angelegt hatte. Abwechselnd hatten in Lachsfeld verschiedensten Herrschaften und Stifte Besitzrechte: Stift Göttweig, Mailberg, Friedrich Porauer (*der einen Meierhof besaß, bestehend aus Lehen,*

die er 1354 an die Burgkapelle Wien schenkte), Heiligenkreuz, Stift und Pfarre Alland. 1556 erwarb die Pfarre Bisamberg große Besitzrechte im Ort. 1590 schien die Herrschaft Sinzendorf auf, die fünf Häuser besaß und kurz darauf auch die Besitzrechte zu Ernstbrunn erwarb. Weiter geht es nach Simonsfeld das südlich der Leiser Berge und von Ernstbrunn liegt. Die Landwirtschaft und der Weinbau sind in und um Simonsfeld von großer wirtschaftlicher Bedeutung; auch der Bauernmarkt in der Gemeinde ist sehr beliebt. Dort werden frisches Gemüse, Brot, Gebäck, selbstgemachte Mehlspeisen, Honig, Wurst- und Fleischwaren und natürlich Wein und Schnaps angeboten. Der Name, ursprünglich Sinebelvelde auch Sinabelvelde entspricht der Landschaftsform und bedeutet rund gewölbtes Feld oder eine wellige, hügelige Landschaft. Die älteste Urkunde stammt aus dem Jahr 1141 und zeugt, dass hier die Babenberger eine planmäßige Anlage errichteten. Von der alten Hausbergfeste kennt man den Namen des Hügels „Sinavellberg", eine Bezeichnung, die kegelförmige Burghügel oft haben. Daraus leitet sich der Ortsnamen Simonsfeld ab. Nach vielen Jahrhunderten, in denen landwirtschaftliche Nutzung betrieben wurde, entdeckten vor einigen Jahren die Energieversorger die Topographie für ihre zukunftsweisenden Energieprojekte. Am 16. Februar 1998 wurde das Windkraftrad „Simonsfeld I" errichtet, kurz darauf folgte „Simonsfeld II", die beide den Beginn der Projektierung des Windparks Hipples einläuteten. Die zwei Windkraftanlagen vom Typ Vestas V44 speisten bis zum Juli 1998 die erste Million Kilowattstunden Strom ins Netz.

Naglern:
Impressionen aus einer landwirtschaftlich geprägten Gemeinde.

Korneuburg — Stetten — Harmannsdorf-Rückersdorf — Mollmannsdorf — Würnitz-Hetzmannsdorf

© Privatarchiv Jirout (4)

Weinsteig-
Großrußbach

Karnabrunn

Wetzleinsdorf

Naglern-
Simonsfeld

Ernstbrunn

Bauernmarkt Simonsfeld: *Der südlich der Leiser Berge gelegene Bauernmarkt, der oftmals als Ausflugsziel genutzt wird, führt frisches Gemüse, Brot, Gebäck, selbstgemachte Mehlspeisen, Honig, Wurst- und Fleischwaren und natürlich Wein und Schnaps aus der Region. Die Landwirtschaft und der Weinbau sind in und um Simonsfeld von wesentlicher wirtschaftlicher Bedeutung – der Bauernmarkt in der Gemeinde beweist dies.*

© Privatarchiv Jirout

Ernstbrunn

JOHANN PRÜGL
Bürgermeister
von Ernstbrunn

Gemeinde Ernstbrunn/ Büro des Bürgermeisters

„Es wäre ideal die

Herr Bürgermeister, Ernstbrunn hat mit dem Obereiserberg und dem Wildpark touristisch einiges zu bieten. Wird der sanfte Tourismus im Ort forciert werden?

BGM. JOHANN PRÜGL: Das ist sicher ein Thema für die Zukunft, mit dem sich auch der Gemeinderat schon öfters befasst hat. Mit der NostalgieBahn und dem Naturparkbus kommen zunehmend Touristen nach Ernstbrunn. Wir von der Gemeinde wollen dafür die Übernachtungsbetriebe fördern. Für Radfahrer haben wir einiges zu bieten, auch wenn der Streckenverlauf aufgrund der hügeligen Landschaft etwas anspruchsvoller ist und die Wege teilweise durch den Wald führen. Selbst für Wanderer ist die Region mit all ihren Sehenswürdigkeiten interessant.

Ist Ernstbrunn mittlerweile zu einer Art Pilgerstätte für Eisenbahnfans geworden?

Bahn fahren war für Technikfans immer schon interessant. Ich glaube auch, dass die Faszination der historischen Fahrzeuge neue Bevölkerungsgruppen anspricht. Ich ertappe mich selbst dabei, dass ich mich bei den Nostalgiefahrten an meine Jugend zurück erinnere. Die Eisenbahn ist eben ein faszinierendes Transportmittel. Kombiniert mit unserer schönen Landschaft lohnt sich die Reise auf jeden Fall.

Ist die Gemeinde Ernstbrunn für die Reaktivierung der Landesbahn wie es der „Verein Neue Landesbahn" fordert?

Wenn man sich unsere verkehrstechnischen Gegebenheiten anschaut, dann merkt man gleich, dass wir zwischen zwei hochrangigen Straßen liegen. Auf der B6 zwischen Korneuburg und Laa an der Thaya ist die Verkehrsbelastung in der Früh sehr hoch. Es wäre daher ideal, die Landesbahn zu reaktivieren und bis nach Wien Floridsdorf oder bis zum Praterstern zu führen. Bei den Haltestellen müssten zuerst Park & Ride Anlagen errichtet werden. Man darf auch nicht vergessen, dass eine Bahnverbindung die Unfallgefahr reduzieren würde.

Landesbahn zu reaktivieren!“

Natürlich muss es ein attraktives Angebot geben, ich meine damit, dass keine alten Garnituren eingesetzt werden sollten. Unsere Bestrebungen gehen auf alle Fälle in diese Richtung. Es gibt ja internationale Beispiel wie zum Beispiel in Deutschland, wo Zweckverbände eine Bahnlinie betreiben.

Würde sich Ernstbrunn daran auch finanziell beteiligen?

Es wird uns in der Zukunft wohl etwas Wert sein müssen, wenn wir als Gemeinde die Mobilität attraktiv gestalten wollen.

Gibt es bezüglich Reaktivierung der Landesbahn auch eine gemeinsame Strategie der Bahnanrainergemeinden Stetten, Harmannsdorf und Großrußbach?

Ja, denn es würden auch alle Gemeinden davon profitieren. Die Bahn war schon immer ein wirtschaftlicher Faktor. Schon bei der Errichtung vor hundert Jahren hat es einen Aufschwung in der Region gegeben. Das müsste jetzt zeitgemäß umgesetzt werden.

Glauben sie, dass die Strecke Korneuburg – Ernstbrunn auch für den Güterverkehr an Bedeutung gewinnen könnte und nicht nur das Kalkwerk die Strecke nutzen wird?

Sicher ließe sich der Güterverkehr auf der Bahn noch ausbauen, was auch eine spürbare Entlastung für die Straße bedeuten würde. Natürlich müsste auch das Schienen-Güterverkehrsunternehmen beweglicher werden. Zum Beispiel gibt es in Ernstbrunn und in Rückersdorf jeweils einen Rübenplatz. Es wäre ideal, wenn diese Tonnage mit der Bahn befördert werden könnte. Alle Interessen auf der eingleisigen Strecke müssten jedoch gewahrt werden. Auch hier gibt es internationale Vorbilder aus Deutschland und der Schweiz oder die Vintschgauer Bahn in Südtirol. Der Personenverkehr konzentriert sich vorrangig auf die Morgen und frühen Abendstunden, der Gütertransport könnte dann in den Mittagsstunden erfolgen. An den Wochenenden stünde die Strecke zur touristischen Nutzung zur Verfügung.

Gibt es in Ihrer Gemeinde viele Pendler nach Wien und wie sieht es mit Wienern aus, die sich „am Land“ in Ernstbrunn häuslich niederlassen?

In Ernstbrunn gibt es rund 600 bis 800 Einwohner, die täglich pendeln, wobei nur ein Teil davon nach Wien fährt. Durch die hochrangigen Straßen wird die Region insgesamt attraktiver, man merkt dies im Bereich Korneuburg – Stockerau, wo sich viele neue Betriebe angesiedelt haben. Der Fall des Eisernen Vorhangs hat auch einiges dazu beigetragen. Ernstbrunn hat eine gute Infrastruktur und bietet eine hohe Wohnqualität, vor allem weil man hier die Freizeit in der Natur verbringen kann. Das zieht viele Leute an, wie 600 Zweitwohnsitze beweisen. Wir sind ja nur rund eine Fahrstunde von Wien entfernt, sodass man die kulturellen Angebote der Großstadt gut nutzen kann. Außerdem ist das Verkehrsaufkommen nördlich von Wien noch nicht so stark wie südlich der Hauptstadt.

Wie wird sich Ernstbrunn in 5, 10, 15 Jahren präsentieren? Was sind die Zukunftsperspektiven?

Das ist schwierig zu beantworten. Die letzten 10 Jahre haben bewiesen, dass der Weg des sanften Tourismus erfolgversprechend ist. Mit dem Wildpark, dem Oberleiserberg und dem Kammermusikfestival haben wir interessante Angebote, die Gäste anlocken. Sicher werden wir aber niemals ein Tourismuszentrum wie Kitzbühel werden. Unsere Region ist vor allem als Naherholungsgebiet prädestiniert. Diese Entwicklung hat auch Folgen als Wirtschaftsfaktor: Hotels und Restaurants werden entstehen.

Wird es in Ernstbrunn vielleicht einmal eine Niederösterreichische-Landesausstellung geben?

Das ist innerhalb der nächsten 10 bis 15 Jahre durchaus möglich und wäre ein wichtiger Impuls für den Tourismus in unserer Gegend.

Ernstbrunn
Ernstbrunn

© loefflerpix.com (2)

IM ZENTRUM DES WEINVIERTELS. Inmitten der sanft hügeligen Landschaft des Weinviertels liegt die knapp über 3000 Einwohner zählende Marktgemeinde Ernstbrunn. Sie durchkreuzen einerseits die Bundesstraße B6 von Wien kommend Richtung Laa an der Thaya und andererseits von Ost nach West die Bundesstraße B40 von Mistelbach nach Hollabrunn. Kreuzungspunkt der beiden wichtigen Verbindungen ist der neu errichtete Kreisverkehr in unmittelbarer Nähe des Kalkwerks und des Bahnhofs, der zugleich Endstation des „NostalgieExpress Leiser Berge„ ist. Getreu diesem Motto steht direkt neben dem Bahnhof die historische Dampflok 93.1364 auf Schienen, die an einem Ende aufgebogen sind. Ob dies tatsächlich das Ende der Bahnstrecke symbolisieren soll, bleibt jedem Betrachter selbst überlassen. Ist man schon einmal am Bahnhof, empfiehlt sich eine Rast beim Bahnhofswirt. Während der Sommermonate werden Getränke und Speisen gerne im Gastgarten serviert, der mit zahlreichen schattenspendenden Bäumen bestückt ist.

Inmitten des Weinviertels liegt die idyllische Gemeinde Ernstbrunn. Mit 3000 Einwohnern, liegt sie in einer historisch bedeutsamen Region im Weinviertel.

Auf geschichtlichem Terrain

Frisch gestärkt geht es danach zur Mistelbacherstraße, über die man zum rund 300 Meter langen Hauptplatz von Ernstbrunn gelangt. Ins Auge sticht hier zunächst der Trachtenbaum. 22 Meter hoch, wurde er 2003 komplett erneuert. Wie bereits bei der erstmaligen Errichtung 1983 halfen wieder

Die Altstadt von Ernstbrunn mit Blickrichtung zum oberen Marktplatz. Die Marktgemeinde liegt im „Herzen des Weinviertels".

Weinsteig-Großrußbach | Karnabrunn | Wetzleinsdorf | Naglern-Simonsfeld | **Ernstbrunn**

viele Freiwillige mit. Heute steht er als weithin sichtbares Symbol des Zusammenhalts der Marktgemeinde. Direkt am Hauptplatz auf einem begrünten Streifen in der Mitte befinden sich Lindenbäume, die noch aus dem 19. Jahrhundert stammen. Dort, sozusagen im Kern des Hauptplatzes, trifft die Vergangenheit auf die Gegenwart: an die wechselvolle Geschichte Ernstbrunns erinnern die Kaiser-Franz-Josef-Büste, der Landsknecht-Brunnen, die Pestsäule, der Feuerwehrbrunnen und die Maria-Immaculata-Gedenksäule. In den Häuserzeilen links und rechts entlang des Platzes sind neben Wohnhäusern, das Rathaus, das Postamt, verschiedene Einkaufsmöglichkeiten, eine Bank und mehrere Restaurationsbetriebe untergebracht. Das gesamte Ensemble am Hauptplatz vermittelt den typischen Eindruck einer liebenswerten österreichischen Marktgemeinde. Ein Stopp im Rathaus lohnt sich in jedem Fall, weil dort unter anderem das Heimatmuseum Ernstbrunn untergebracht ist. Dokumente und Gegenstände geben einen guten Einblick in die mehrere tausend Jahre alte Geschichte

© loefflerpix.com (3)

der Zivilisation des Ernstbrunner Raumes. Darüber hinaus sind mehr als 100 Jahre Landwirtschaft, Gewerbe und Wohnen in Form von Fotos und Gegenständen festgehalten. Hautnah erleben kann man die historischen Spuren ein wenig später in Natura auf dem Oberleiserberg.
Am Ende des Hauptplatzes befindet sich die Pfarrkirche. In einer Urkunde, die aus dem Jahr 1045 stammen dürfte, wird die Kirche von Ernustisbrunin von Graf Rapoto an Bischof Eigilbert von Passau übergeben. Den jetzigen Barockstil erhielt die Kirche um 1750. Das Hochaltarbild „Glorie des Hl. Martin" weist auf den Schutzpatron hin. Nach einer umfangreichen Renovierung 1995 erstrahlt sie seit der 950-Jahrfeier im neuen Glanz. Gleich daneben in Nord-Süd Ausrichtung ist der Friedhof situiert, der 1798 eingeweiht wurde. Vom Kirchenplatz verläuft der Hohe Hausberg recht steil hinunter zum Marktplatz. Folgt man der Straße in die andere Richtung führen die Wegweiser zu zwei touristischen Highlights der Region: dem Wildpark Ernstbrunn und dem Oberleiserberg.

© loefflerpix.com (2)

Der sanfte Tourismus blüht

Der Wildpark liegt unterhalb des Schlosses Ernstbrunn. Das beliebte Ausflugsziel zeigt heimisches Wild auf 35 Hektar in seiner natürlichen Umgebung. Wildschweine leben im Gatter, Rot-, Damm- und Sikahirsche, Steinwild, Mufflons und Gams klettern im felsigen Gelände. Hochlandrinder, Esel und Schafe begrüßen die zahlreichen Besucher bereits beim Eingang. Der Wildpark eignet sich ideal für Familienausflüge und ist an den Wochenenden auch mit dem „Naturpark-Bus“ im Anschluss an den „NostalgieExpress Leiser Berge“ vom Bahnhof Ernstbrunn aus zu erreichen.

Seit 2009 ist im Wildpark Ernstbrunn auch das Wolf Science Center (*WSC*) angesiedelt. Das vor wenigen Jahren in Kooperation mit der Konrad Lorenz Stiftung gegründete WSC hat im Weinviertel seine Heimat gefunden. Forscher beschäftigen sich in der weltweit größten Wolf-Forschungsstätte mit den Wildtieren. Im Wildpark Ernstbrunn werden soeben passende Gehege errichtet. Schon jetzt können Besucher vier einjährige Wölfe und vier Welpen, die vor kurzem aus dem US-Bundesstaat Montana eingeflogen wurden, bewundern. Dorthin gelangt man zu Fuß vom Parkplatz des Wildparks, indem man die Serpentinenstraße zum Schloss hinaufgeht. Ein pädagogisch sinnvoll aufbereiteter Lehrpfad informiert entlang des Weges vor allem kleine Besucher über das Leben der Wildtiere.

Bevor man zu dem provisorischen Gehege kommt, das über eine Holztreppe und einer natürlichen Anhöhe gut einsehbar ist, passiert man das Schloss Ernstbrunn. Es ist ein beeindruckendes Bauwerk mit vier romantischen Innenhöfen. Die beachtliche Schlossanlage liegt über dem Ort Ernstbrunn und ist von allen Seiten gut sichtbar. Die Errichtung der gesamten Anlage erstreckte sich vom 11. bis zum 18. Jahrhundert. Das Schloss Ernstbrunn war Sitz der jeweiligen Herrschaft von Ernstbrunn. Das Geschlecht der Familie Reuss-Köstritz verwaltet dieses Schloss mittlerweile seit Jahrhunderten, die deutschen Kennzeichen auf den Geländewagen der Bewohner belegen dies.

26,4

Das Denkmal „Kaiser-Eiche" wurde 1848 in Ernstbrunn zu Ehren Kaiser Franz Josefs aufgestellt. Weitere „Kaiser-Eichen" befinden sich in Niederleis, Au und in Wien.

Zurzeit wird das Schloss unter anderem mit Mitteln des Bundesdenkmalamtes renoviert, die Frontseite erstrahlt bereits in neuem Glanz. Eine Sage besagt, dass im Innenhof ein Schatz vergraben sein soll. Nur zu dumm, dass es nicht öffentlich zugänglich ist. Trotzdem öffnen sich immer wieder die Tore für kulturelle Veranstaltungen, Filmdreharbeiten oder das Kammermusikfestivals „CON ANIMA". Das Schloss samt Wildpark liegt am Fuße des Naturparks Leiser Berge. Wanderwege führen über historischen Boden, durch Wälder und Wiesen, vorbei an aufgelassenen Steinbrüchen. Der markanteste Punkt ist der Oberleiserberg mit der Aussichtwarte, die einem römischen Wachturm nachempfunden wurde. Ausgrabungen an dieser Stelle dokumentieren germanische und römische Geschichte. Bereits um 500 v. Chr. siedelten Kelten am Oberleiser Berg. Aus dem Jahre 100 n. Chr. datieren Funde eines römischen Wachturmes in Oberleis.

Kurzer historischer Rückblick

Im Jahre 1045 wurde Ernustisprunnin erstmals urkundlich erwähnt. Um 1533 verlieh der römisch-deutsche König und spätere Kaiser Ferdinand I. Ernstbrunn das Marktrecht. 1592 erwarben die Herren von Sinzendorf die Herrschaft, die sie bis 1822 inne hatten. Im Dreißigjährigen Krieg wurde Ernstbrunn 1645 durch schwedische Truppen besetzt. 1713 forderte die Pest 23 Tote, zu deren Gedenken im darauffolgenden Jahr die Pestsäule am Hauptplatz errichtet wurde. 1720 wütete eine große Feuersbrunst im Ort. 1828 übernahm das Fürstenhaus Reuss Schloss und Gut Ernstbrunn. Während des Deutschen Krieges 1866 besetzten preußische Truppen Ernstbrunn, die ausgebrochene Cholera forderte 140 Tote. 1891 wurde der Feuerwehrbrunnen am Hauptplatz in Betrieb genommen. Mit der Eröffnung der Lokalbahn Korneuburg–Ernstbrunn im Jahr 1904 wurde die Postkutsche nach Korneuburg eingestellt. Zwei Jahre darauf wurde die Strecke der Landesbahn von Ernstbrunn nach Mistelbach eröffnet. 1908 folgte die Einweihung des heutigen Rathauses.

Der Ernstbrunner Wald ist laut Kataster eine eigene Katastralgemeinde, aber beinhaltet keinerlei Wohnhäuser oder Gehöfte. Die KG Ernstbrunnerwald ist ein Eichenmischwaldgebiet und erstreckt sich nördlich der Merkersdorferstraße bis zur Klement - Enzersdorfer-Straße.

Ernstbrunner

Kalktechnik

ERNSTBRUNNER KALKSTEIN. Gegründet wurde das erste Kalkwerk Österreichs im Jahre 1883 von Adolf Rochleder. Die Produktion begann mit einfachen Feldöfen und nur wenigen Tonnen pro Tag. Der industrielle Ausbau und die Erweiterung des Werks begannen in den darauf folgenden Jahrzehnten. Insgesamt wurden drei Ringöfen gebaut und mit Hilfe des Gleisanschlusses, der heute noch exklusiv für den Gütertransport genutzt wird, erschloss sich für das Werk ein größerer Markt.

Mit einer Materialseilbahn wurden die Kalksteine vom Steinbruch zum Kalkwerk transportiert. In dieser Zeit war Handarbeit die Basis für eine Kalkproduktion und Schwerstarbeit für die damals bis zu zweihundert Mitarbeiter. Heute besitzt das Unternehmen zwei Tochtergesellschaften in Tschechien und Ungarn, die „Profi am Bau CM" mit Sitz in Brünn sowie die „Profi Hungaria Kft." mit Sitz in Dabas. Die jährliche Produktionsmenge an Kalkstein beträgt etwa 350.000 Tonnen. Die konsequente Verbesserung bestehender Produkte und Dienstleistungen sowie laufende Neuentwicklungen von spezialisierten und hochqualitativen Produktsystemen sind fixer Bestandteil der Unternehmensphilosophie des Ernstbrunner Unternehmens. Dabei wird größter Wert auf eine umweltfreundliche Produktionsweise gelegt. Schon die Grundsätze der Unternehmensführung sind auf ökonomische und ökologische Ziele ausgerichtet. Die vorausschauende Ressourcenschonung, die Energie- und Emissionsminimierung sowie die Optimierung des Roh- und Brennstoffeinsatzes sind daher wesentliche Aufgaben für das Unternehmen. Unglaublich, aber wahr: Wildlebende Steinböcke gehören schon seit Jahren zu den Besuchern des Ernstbrunner Kalksteinbruchs.

Die Ernstbrunner Kalktechnik setzt auf die Bahn. In regelmäßigen Abständen werden die Güterwaggons beladen und zur Weiterverarbeitung von der ÖBB abtransportiert.

© Privatarchiv Jirout (2)

Weinsteig-Großrußbach | Karnabrunn | Wetzleinsdorf | Naglern-Simonsfeld | **Ernstbrunn**

Eisengießerei

Hammerschmied

FEUERPRODUKTION. Die Ernstbrunner Eisengießerei Hammerschmied konnte sich trotz starker Konkurrenz aus Osteuropa im angestammten Markt behaupten. Die Gießerei erzeugt Eisengussteile für so renommierte Firmen wie Palfinger, VAE Eisenbahnsysteme oder Case New Holland, dem Nachfolgebetrieb der Steyr Traktorenproduktionen und die Schneebergbahn. Anhand von Konstruktionszeichnungen werden dabei spezielle Komponenten für eine Produktserie hergestellt, die dann mehrere Jahre lang Verwendung finden. Auch Hobbyeisenbahner versorgt das Unternehmen mit Gussteilen wie Roststäbe, Bremsklötze und diverese andere. 1919 wurde das Unternehmen als Landmaschinenerzeugung von Hans Hammerschmied, dem Großvater des heutigen Besitzers, gegründet und 1934 um eine Eisengießerei erweitert. Kreissägewellen für die Landwirtschaft waren damals einer der Hauptartikel der Ernstbrunner Gießerei. Der Sohn des Firmengründers, Dr. Hans Hammerschmied, übernahm 1962 den Betrieb und führte ihn bis 1990.

Der Firmeninhaber Mag. Gerhard Hammerschmied sieht optimistisch in die Zukunft.

Im Laufe der Zeit wurde die Gießereihalle neu errichtet und in mehreren Schritten die maschinelle Modernisierung vollzogen. Neben den Gussteilen für landwirtschaftliche Maschinen entwickelte sich die Firma zum Haupterzeuger von Bremstrommeln für Anhängerachsen. Die Produktpalette erweiterte sich, Getriebeerzeuger, Armaturenhersteller und andere Maschinenfabriken belieferte man mit Gussteilen. 1989 wurden die zwei bestehenden Kupolöfen durch eine leistungsfähige und umweltfreundliche Drehtrommel-Schmelzanlage ersetzt, die mit Erdgas und reinem Sauerstoff betrieben wird. Hammerschmied erzeugte von da an auch hochwertigen Sphäroguss, der gegenüber dem herkömmlichen Grauguss an Bedeutung zunahm. Als letzte große Erweiterung kam 1997 eine automatische Formmaschine für große Kastenformate dazu. 2009 wurde nochmals in die Modernisierung des Maschinenparks investiert. „Damit sind wir für die nahe Zukunft gerüstet", zeigt sich der heutige Geschäftsführer Mag. Gerhard Hammerschmied optimistisch.

© loefflerpix.com (4)

Bildteil

Korneuburg

Stetten

Harmannsdorf
-Rückersdorf

Mollmannsdorf

Würnitz-
Hetzmannsdorf

© loefflerpix.com

Weinsteig-
Großrußbach

Karnabrunn

Wetzleinsdorf

Naglern-
Simonsfeld

Ernstbrunn

Seit 2009 ist im Wildpark Ernstbrunn das „Wolf Science Center“ angesiedelt. Das Center bietet Führungen an, bei denen die Verhaltensforschung bei Timberwölfen erklärt und auch gezeigt wird.

© loefflerpix.com

Links:
Die Mariensäule oder Pestsäule wurde 1714 von Michael Rochus Mayrhofer im Auftrage der gesamten Ratsbürgerschaft als Dank für das Erlöschen der Pest erbaut, die zuvor 23 Todesopfer forderte.

Rechts:
1983 fand die 450-Jahr-Feier statt. Gründung einer Gemeindepartnerschaft mit Isen in Bayern und Errichtung des 22 Meter hohen Trachtenbaums.

Rechts unten:
Das „Espresso Doris“, das 2009 von der Inhaberin Doris Ulbinger übernommen wurde, wird in Ernstbrunn wegen der vorzüglichen Cremeschnitten geschätzt. Diese Spezialität des Hauses braucht einen Vergleich mit den bekannten „Bleder Cremeschnitten“ (SLO) nicht zu scheuen.

Korneuburg — Stetten — Harmannsdorf-Rückersdorf — Mollmannsdorf — Würnitz-Hetzmannsdorf

Eine sakrale Sehenswürdigkeit von Ernstbrunn ist die Pfarrkirche, die um das Jahr 1045 errichtet, 1750 barockisiert und 1995 renoviert wurde. Ein Relikt des Hl. Felizian wird im Seitenaltar aufbewahrt (siehe Bild S. 128).

Der um 1687 errrichtete „Landsknecht-Brunnen“ am Hauptplatz war ehemals ein Gemeindebrunnen. Im Hintergrund, die heutzutage selten anzutreffenden „offenen“ Tankstellen, im Zentrum des Ortes.

Oben:
Im Herbst, wenn die Erntezeit anbricht, werden bei der Kartof ernte viele Tonnen auf den Güte zug verladen und in die Großrau depots rund um Wien transporti

Rechts:
Wenn sich der Nebel wie ein undurchsichtiger Schleier über Wälder und Wiesen legt, gibt es für Fotografen viele interessant Stimmungsmotive.

Korneuburg – Stetten – Harmannsdorf-Rückersdorf – Mollmannsdorf – Würnitz-Hetzmannsdorf

Weinsteig-
Großrußbach

Karnabrunn

Wetzleinsdorf

Naglern-
Simonsfeld

Ernstbrunn

© loefflerpix.com (5)

Korneuburg
Stetten
Harmannsdorf
-Rückersdorf
Mollmannsdorf
Würnitz-
Hetzmannsdorf

Oldtimertreffen

Ernstbrunn

Das Treffen von historischen Fahrzeugen in den Kategorien Landmaschinen, Motorräder, Automobile und Militärfahrzeuge ist jedes Jahr ein Muss für Liebhaber historischer Fahrzeuge. Abgerundet wird die bekannte Veranstaltung mit dem Sonderzug „NostalgieExpress“, bei dem die Besucher aus Wien stilgerecht zur Veranstaltung gebracht und wieder zurück geführt werden.

Der Buschberg ist mit 491 m die höchste Erhebung der Leiser Berge und des Weinviertels. Die vier Meter hohe Eichenskulptur „Jahreszeiten Sonnenuhr“ (2009) von Harry Raab mit Keramikelementen von Georg Olbrich (zwei Künstler aus Niederleis) steht in Sichtweite des Flugraumüberwachungs-Center Buschberg das für den Flughafen Wien/Schwechat wichtige Flugraumdaten liefert.

Das Schloss Ernstbrunn ist ein beeindruckendes Bauwerk mit vier romantischen Innenhöfen. Die riesige Schlossanlage trohnt hoch über dem Ort Ernstbrunn. Die Errichtung der gesamten Anlage erstreckte sich vom 11. – 18. Jhdt. Das Geschlecht der Familie Reuss-Köstritz verwaltet dieses Schloss seit Jahrhunderten.

Lokdenkmal Ernstbrunn

Oben:
Man startet in Asparn und radelt vorbei an Paasdorf dem Schloss und Wildpark Ernstbrunn durch die reizvolle Landschaft des „Naturparks Leiser Berge". Dann geht es über Eichenbrunn,Olgersdorf wieder zurück nach Asparn an der Zaya.

Rechts u. rechts oben:
Das Denkmal der Dampflok „93.1364" wurde am 13. Mai 2010 beim Nostalgiebahnhof Ernstbrunn gesegnet. Es gibt eine zweite, in Betrieb befindliche Dampflok der gleichen Baureihe. Die Ingenieure der ÖBB Rail Cargo lieferten das Denkmal an und bauten es auf.

Korneuburg — Stetten — Harmannsdorf-Rückersdorf — Mollmannsdorf — Würnitz-Hetzmannsdorf

Weinsteig-
Großrußbach

Karnabrunn

Wetzleinsdorf

Naglern-
Simonsfeld

Ernstbrunn

Draisinen

© Privatarchiv Jirout

Weinviertel

Draisine

LAUFMASCHINE AUF RÄDERN. Die Errichtung der Weinvierteldraisine geht auf Initiative des „Vereins Neue Landesbahn“ und der Region zurück. Das Ziel war, die landschaftlich einzigartige Bahnstrecke Ernstbrunn – Mistelbach vor der Abtragung zu bewahren. Unter der Regie des REV Leiserberge – Mistelbach wurde im Jahr 2005 eine Studie beauftragt, um die Möglichkeiten einer touristischen Nutzung zu untersuchen. Das gesamte Projekt wurde aus Mitteln der Europäischen Union und des Landes Niederösterreich gefördert, die Projektabwicklung wurde durch die NÖ Entwicklungsagentur „ecoplus“ begleitet. Weitere Unterstützung wurde durch die Anliegergemeinden, die Österreichischen Bundesbahnen sowie private Sponsoren geleistet. Die erste Draisinenbahn in Niederösterreich ist somit ein ausgezeichnetes Musterbeispiel funktionierender überregionaler, privater und öffentlicher Kooperation! Die Draisine geht auf das urtümliche Tret- oder Schieberad zurück: Als Reaktion auf Missernten und Pferdesterben konstruierte Forstmeister Freiherr Karl-Friedrich Drais von Sauerbronn (*1785-1851*) im Jahr 1815 eine Laufmaschine auf Rädern.

weinvierteldraisine.at

Die Urform des Fahrrades wurde geboren. Diese, anfangs nur durch Muskelkraft angetriebenen Fahrzeuge fanden - technisch weiter entwickelt - später auch im Eisenbahnwesen Verwendung. Jede Bahnmeisterei bekam für Inspektions- und Erhaltungsfahrten ihre Draisinen zugeteilt. Obwohl im Lauf der Zeit die Draisinen auf Motorbetrieb umgebaut und ständig weiter entwickelt worden waren, blieb deren ursprünglicher Name bis heute erhalten.

- **Befahrene Draisinenstrecke:**
  Ernstbrunn-Thomasl – Asparn an der Zaya
- **Streckenlänge:** 12,7 Kilometer
- **Fahrzeit:**
  Ernstbrunn – Asparn oder Gegenrichtung: ca. zwei Stunden
- **Geschwindigkeit:**
  Bergfahrt: ca. 5 – 10 km/h
  Talfahrt: ca. 15 – 25 km/h
- **Maximale Steigung:** 27 ‰ (*bei Niederleis*)
- **Eröffnung des Draisinenbetriebs:** 2007

Ernstbrunn – Niederleis – Grafensulz – Schletz – Asparn an der Zaya

© Weinviertler Draisine

© loefflerpix.com

© Privatarchiv Jirout (3)

Ernstbrunn — Niederleis — Grafensulz — Schletz — Asparn an der Zaya

Danksagung

ÖBB-ErlebnisBahn

an Johann Narrenhofer,
der die Initialzündung gab
und Karin Müllner, die dieses
Projekt aktiv unterstützte

Wograndl Druck
für die drucktechnische Unterstützung

Verein Neue Landesbahn
für das historische Bildmaterial und
die chronologische Richtigstellung
der Geschichte dieser Bahnlinie

Fossilienwelt Stetten
für das beigestellte Bildmaterial

Den Autoren der Landesbahn-Chronik
„100 Jahre und immer noch aktuell – die Landesbahnen im Weinviertel!"
von Gerhard Ullram und DI Franz Ladner

Peter Skibar
für die Nachtschichten der Bildbearbeitung

Güterverkehr Korneuburg - Ernstbrunn
Roland Simanek, Mario Swoboda und Manfred Zehetner